地質年代 (Ma)

顕生代 Phanerozoic					
新生代 Cenozoic	第四紀 Quaternary			完新世 Holocene	0.01
				更新世 Pleistocene	1.8
	第三紀 Tertiary	新第三紀 Neogene		鮮新世 Pliocene	
				中新世 Miocene	23
		古第三紀 Paleogene		漸新世 Oligocene	
				始新世 Eocene	
				暁新世 Paleocene	65
中生代 Mesozoic	白亜紀 Cretaceous				
	ジュラ紀 Jurassic				200
	三畳紀 Triassic				250
古生代 Paleozoic	ペルム紀 Permian				300
	石炭紀 Carboniferous	ペンシルベニアン Pennsylvanian			
		ミシシッピアン Mississippian			360
	デボン紀 Devonian				415
	シルル紀 Silurian				440
	オルドビス紀 Ordovician				500
	カンブリア紀 Cambrian				540

← 2500 原生代 Proterozoic
← 4000 始生代 Archeozoic
← 冥王代 Hadean

地球生物学

地球と生命の進化

池谷仙之・北里 洋——[著]

東京大学出版会

Geobiology :
Coevolution between Life and Earth
Noriyuki IKEYA and Hiroshi KITAZATO
University of Tokyo Press, 2004
ISBN 978-4-13-062711-5

はじめに

　ルイス・キャロルの『不思議の国のアリス』に登場する時計をもったウサギに象徴されるように，現代の私たちは時々刻々と経過する時間のなかで暮らしている．本書であつかう地球上の現象も，すべて時間の経過のなかで起こっているが，その時間スケールは何万年や何億年など，私たちの日常の「時間」とは大きくかけ離れている．地球と生命の歴史を学ぶうえで重要なことは，この「時間」のギャップを理解することからはじめなければならないということである．しかしながら，地球の歴史には，私たちが日常経験している時間単位の記録も存在しているのである．たとえば，32億年前の1年間，5億年前の1日など，私たちの感知できる時間も地層や化石に記録されている．このような記録を本のページを1枚ずつめくるように解読することで，私たちは地球がこれまでにしてきたことを理解することができる．

　46億歳になる地球は，人の一生と同じように，誕生してからさまざまな変遷を経て今日にいたっている．この地球上に生まれた生命は，その時々の地球環境のなかで生き，進化してきた．しかし，生命は変遷する地球環境のなかでただふりまわされてばかりいたのではない．ある生物は，その生物にとって過酷ともいえる環境に開拓者として進出し，やがてその環境を変化させ，そこにまた別の生物が進出できる環境をつくり出すことをしてきた．このように生物が環境に影響し，その影響された環境がまた生物進化に影響するということを延々と果てしなく繰り返してきたのである．したがって，地球環境と生物はたがいに影響し合い，相互に作用しながらともに進化してきたといえる．地球生命史はまさに，地球と生命とがシンフォニーを奏でているようにとらえることができる．

　昨今，ゲノム解析を中心とした生命科学や地球温暖化・環境汚染などの環境問題を解くための地球環境科学が国策を担う研究分野として重要視され，さかんに研究が行われている．しかし，生命科学で対象としている，多様に地球上

に展開する生物は，46億年の地球史を生き延びてきた結果である．また，地球の環境は，地球の営みと生物活動との微妙なバランスのなかでその安定が保たれており，この環境システムもまた，46億年の歳月を経てなりたっていることを忘れてはならない．したがって，地球科学的なものの見方が生物のしくみや進化を考えるうえでますます重要になり，さらに地球の環境システムを理解するうえで生物の果たしてきた役割を理解することがますます重要なのである．

　本書の狙いは，生命の歴史と地球の歴史を通史として概観したうえで，生物と地球がいかに密接にかかわりながら進化・変遷をとげてきたのかを明らかにすることである．本書のタイトルとした「地球生物学」とは，そういった意味合いをもつ地球科学と生物科学が融合した新しい分野である．若い学生諸氏が本書を読むことを通じて，21世紀の地球観をもちつつ，なおかつ生命と地球とがシンクロナイズした新しい地球生命観が生まれてくることを願っている．

目次

はじめに ……………………………………………………………………………… i

1 | 現代の地球観 ………………………………………………………………… 1
1.1 時間の概念 ……………………………………………………………… 1
(1)自然現象の経過時間 1　(2)過去の自然現象 3
(3)自然現象の起こる速度 4　(4)時間は不変か 5
Box-1 斉一説 4
1.2 奇跡の星 ………………………………………………………………… 7
(1)宇宙のなかの地球 7　(2)地球の位置づけ 8
1.3 動く大地 ………………………………………………………………… 9
(1)大陸は移動する 9　(2)プレート・テクトニクスとは 11
(3)海陸分布 13　(4)プルーム・テクトニクス 16
1.4 地球環境問題 …………………………………………………………… 17
(1)地球の温暖化 17　(2)地球環境の破壊 19
(3)現生生物の大量絶滅 20
Box-2 アース・デー(地球の日) 20

2 | 地球の誕生 …………………………………………………………………… 22
2.1 宇宙と惑星の進化 ……………………………………………………… 22
(1)原始太陽系の形成 22　(2)元素の起源と進化 23
2.2 初期の地球環境 ………………………………………………………… 24
(1)原始地球の形成 24　(2)地球の大きさとかたち 25
(3)地球の層構造 25
2.3 大気・海洋・大陸の起源 ……………………………………………… 27
(1)原始大気 27　(2)原始海洋 27
(3)大陸の形成 30
Box-3 海底熱水噴出孔 28

3 | 地球の年齢 …………………………………………………………………… 32
3.1 地球は何歳か …………………………………………………………… 32

iv　目次

   (1)月・惑星・隕石の年齢 32　(2)地球の年齢 33
   (3)最古の岩石とその年代 35
  3.2 放射年代の測定 …………………………………………………………35
   (1)放射時計 35　(2)放射年代測定法 38

4 | 地球史を記録する地層 …………………………………………………40
  4.1 地層の形成 ………………………………………………………………40
   (1)砕屑物粒子の形成 40　(2)砕屑物粒子の浸食・運搬・堆積 41
   (3)堆積物から堆積岩へ 42
  4.2 地層の生成環境を読み取る ……………………………………………44
   (1)堆積環境と地層 44　(2)地層にはなにが残されているのか 45
   (3)古環境解析 48

5 | 生命を記録する化石 ……………………………………………………49
  5.1 化石とは ………………………………………………………………49
   (1)化石の定義 49　(2)生きた化石 50
  5.2 化石はどのようにして保存されるか …………………………………51
   (1)化石化作用 51　(2)記録書としての化石 54
  5.3 化石からなにが読み取れるか …………………………………………56
   (1)示準化石と示相化石 56　(2)古生物の復元 57
   Box-4 キュヴィエ 59

6 | 地質年代と編年 …………………………………………………………60
  6.1 過去の時間経過を読み取る ……………………………………………60
   (1)記録計としての地層 60　(2)地層を時間の順に並べる 62
   (3)地質図の意味 64
   Box-5 地層累重の法則 63
  6.2 地質時代の区分 …………………………………………………………65
   (1)基準となる地層 65　(2)地質年代区分 65
  6.3 地層の対比と相対年代の決定 …………………………………………68
   (1)化石による地層の区分 68　(2)鍵層 69
   (3)地層と層序 69

7 | 生命の起源 ………………………………………………………………73
  7.1 化学進化から生物進化へ ………………………………………………73
   (1)生命体をつくる部品 73　(2)化学進化 74
   (3)生命前駆物質の合成 76　(4)細胞の起源 76

7.2 生命の誕生 ·· 79
 (1)初期の生命体 79 (2)地球外生命の痕跡 80

8 | 先カンブリア時代 ·· 82

8.1 原核生物の出現 ·· 82
 (1)化学合成細菌と光合成細菌 82 (2)光合成による酸素の蓄積 83
 (3)縞状鉄鉱層はなにを語るか 86
 Box-6 ストロマトライト 86

8.2 細胞内共生による進化 ··· 87
 (1)真核生物 87 (2)酸素呼吸のはじまり 89
 (3)ミトコンドリアと葉緑体 89

8.3 多細胞生物の出現 ··· 91
 (1)エディアカラ生物群 91 (2)先カンブリア時代の生痕化石 95

9 | 古生代——三葉虫の時代 ··· 97

9.1 多細胞生物の大爆発 ··· 97
 (1)カンブリア紀 97 (2)殻をもった生物の出現 98
 (3)生物の大爆発 100
 Box-7 造礁生物 100 Box-8 バージェス頁岩動物群 105

9.2 脊椎動物の出現 ··· 106
 (1)オルドビス紀 106 (2)脊椎動物の骨格の進化 107

9.3 海から陸への進出 ·· 108
 (1)シルル紀 108 (2)デボン紀 110
 (3)魚類の進化 112 (4)脊椎動物の上陸作戦 113

9.4 超大陸パンゲア ··· 114
 (1)石炭紀 114 (2)裸子植物の出現 117
 (3)ペルム紀の生物大量絶滅 118

10 | 中生代——爬虫類の時代 ··· 120

10.1 三畳紀の陸上生物 ··· 120
 (1)哺乳類の祖先 120 (2)恐竜の出現 122

10.2 ジュラ紀 ··· 123
 (1)恐竜の繁栄 123 (2)鳥類の出現 126

10.3 白亜紀 ··· 129
 (1)顕花植物の出現 129 (2)白亜紀の海洋生物 130

10.4 テチス海と海洋環境 ··· 131

vi　目次

　　　　　(1)遠洋性堆積物 131　(2)海洋無酸素事件 134
　　　　　Box-9　テチス海 134
　10.5　生物の大量絶滅 ··· 137
　　　　　(1)恐竜時代の終焉 137　(2)大量絶滅の原因 138

11 | 新生代——哺乳類の時代 ·· 140
　11.1　プレートと生物地理 ·· 140
　　　　　(1)生物の分布 140　(2)テチス海とヒマラヤ山脈 141
　　　　　(3)プレートの収束と陸橋の形成 144
　11.2　日本列島の形成 ··· 145
　　　　　(1)日本海の拡大 145　(2)縁海の海洋構造 146
　　　　　(3)新第三紀の日本列島の古地理 149　(4)伊豆半島の衝突 150
　11.3　気候変化と生物 ··· 152
　　　　　(1)北半球氷床の出現 152　(2)暁新世末の絶滅事件 153
　　　　　(3)干上がった地中海 154
　　　　　Box-10　統合国際深海掘削計画 158

12 | 第四紀——人類の時代 ··· 159
　12.1　氷河期 ·· 160
　　　　　(1)更新世 160　(2)ミランコヴィッチの周期 162
　　　　　(3)短い周期の気候変動 163　(4)氷河性海水準変動 167
　12.2　後氷期 ·· 169
　　　　　(1)完新世 169　(2)縄文海進と弥生の海退 170
　　　　　(3)フランドリアン小氷河期 170　(4)後氷期の日本海 174
　12.3　人類の進化 ··· 176
　　　　　(1)ヒトへの道のり 176　(2)森から草原に出た人類の祖先 177
　　　　　(3)ホモ・サピエンスはどこで誕生したのか 182
　　　　　(4)1万年前の人口爆発 183　(5)地球と人類の未来 184

13 | 生命の多様性 ··· 187
　13.1　生物進化 ··· 188
　　　　　(1)生物進化とは 188　(2)進化論 189
　　　　　(3)現代の進化論 192　(4)断続平衡説 195
　　　　　Box-11　ダーウィン 191　Box-12　ハーディー・ワインベルクの法則 192
　　　　　Box-13　工業暗化 194
　13.2　生物の系統と分類 ··· 197
　　　　　(1)個体発生と系統発生 197　(2)系統分類 198

　　　　　(3)相同と相似 202　　(4)種の概念 205
　13.3　種分化と種形成 …………………………………………………206
　　　　　(1)生殖的隔離 206　　(2)種分化の機構 207
　　　　　(3)性の起源と進化 209　　(4)生物進化というゲーム 211

　おわりに ……………………………………………………………………213

さらに学びたい人へ ……………………………………………………………216
原図表出典一覧 …………………………………………………………………219
事項索引 …………………………………………………………………………223
生物名索引 ………………………………………………………………………227

1 現代の地球観

　私たち人類の寿命は，長生きしてもせいぜい100歳程度である．したがって，私たちが経験的に理解できる時間の概念は，この日常の生活から体得したタイム・スケールなのである．地球の歴史を理解するには，この人間活動のリズムより，数オーダー長いタイム・スケールを理解することが必要になってくる．たとえば，鍾乳洞(石灰岩洞窟)を例にとると，洞窟の天井を伝って落ちる水滴は炭酸カルシウムを析出させて鍾乳石をつくるが，その成長速度は1年かけても最大0.2mm程度である．つまり，人の背丈ほどの鍾乳石や石筍は数千年から1万年の歳月をかけてつくられていることになる．

　長大な時間をかけて，地球という環境が生命をつくり出し，その生命がまた長大な時間をかけて地球をつくり変えてきた．この長大な時間スケールのなかで生命は進化し，今日のような人類を頂点とする地球の生物圏をつくってきた．その人類の歴史にしても，46億年の地球に対して，二足歩行をはじめてからたかだか500万年しかたっていない．地球の歴史を1年に短縮してみると，地球が誕生したときを1月1日とすれば，500万年前に人類が誕生したのはおよそ12月31日の14時28分42秒ということになる．

1.1 時間の概念

(1) 自然現象の経過時間

　地球上で起こる自然現象を考えるとき，その時間の経過は重要な枠組みとなる．生物は体サイズの小さい種類ほど，一般に早く世代を交代する．細菌などは数秒から数分で分裂して世代交代するが，大型生物のゾウやクジラになると，数十年かかって世代を交代する(図1-1)．また，生物の種の継続時間は数万年から数百万年ともいわれている．

　地球の現象になると，もっと長い時間が関係してくる．地球科学的な現象の

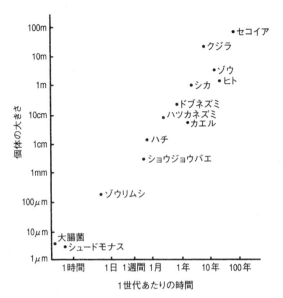

図1-1 生物個体の大きさと1世代あたりの時間(両軸は対数で示されている). Dawkins (1996) より改変.

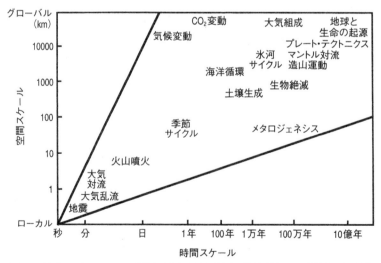

図1-2 地球システムにおける諸過程(地球科学的現象)の継続時間とその規模(両軸は対数で示されている). メタロジェネシス(metallogenesis)は金属鉱床の生成のこと. 鹿園(1992)より改変.

継続時間とその規模との関係は，たとえば1回の地震活動は数秒から数分という時間尺度で起こり，火山活動は数日から数年間継続する．また，海洋の水の循環は数年から数千年の周期をもち，地殻変動や山脈の形成となると，数百万年から数千万年単位の現象となる(図1-2)．地球の年齢は46億年で，宇宙の年齢となると，150億年から200億年にもなる．このように，私たちがこれから学ぼうとしている地球の歴史は，数秒という非常に短い周期で起こる現象から，何十億年という気の遠くなるような長さで起こってきた現象であったりする．

(2) 過去の自然現象

　私たちは過去に起こった自然現象をどのようにして検証し，理解するのか．それは「地球上の自然現象は，現在も過去も同じ速度で同じ法則にしたがって起こっている」ということを理解することからはじまる．つまり「過去の地質時代に起こった著しい変化も，現在，日常茶飯事に起こっている小さな変化と同じ法則によるものである」というものの見方であって，これを斉一説(uniformitarianism)とよんでいる．イギリスのライエル(Lyell, C.)による「現在は過去を解く鍵である」(The present is the key to the past)という言葉は，この斉一説に立脚している．

　一方，「過去のさまざまな現象は現在とは違う速度で，あるいは違った理屈に基づいて起こっていた」という視点で過去を理解しようとすることを激変説あるいは天変地異説(catastrophism)といっている．確かに，地球上の多くの現象は飛躍的に変化しているようにみえるので，過去の地球上の現象は，現在とはまったく違った理屈で起きていたように思うこともできる．たとえば，化石記録を古い時代にさかのぼると，それまでとは違った種類や体制をもった生物が突然現れることがある．これは継続的に生息していた生物が，地層のなかに化石として残されにくいために，見かけ上，突然出現してきたようにみえるだけであるとも説明できる．また，実際に過去の生物が飛躍的に進化したためともいえる．

Box-1 斉一説

斉一説(uniformitarianism)は、「現在主義」あるいは「現行(考)説」(actualism)ともいわれる。また、この概念を拡張解釈して「現考古生物学」(Actuopaleontology)などとして広く応用されている。地球環境の激変説や洪水説を正面から否定する自然観である。この考え方は最初、スコットランドの地質学者ハットン(Hutton, J., 1726–1797)によって示されたが、「地質学の創始者」ライエル(Lyell, C., 1797–1875)により広められた。ライエルは 1830–1833 年に名著『地質学原理』(Principles of Geology)を著し、斉一的な原理によって多くの地質現象を説明し、「現在は過去を解く鍵である」と述べた。つまり、過去に地球上で起こった出来事は、現在地球上で起こっている現象によって理解することができる。すなわち、現在のアナロジーとして過去の出来事を解析できるとしたのである。

(3) 自然現象の起こる速度

地殻変動を例にとって、地球上の現象が継続される様子をみてみよう。たとえば、静岡県中部の静岡から清水にかけての平野部に位置する有度丘陵は、地球史のうえではごく最近になってから隆起してできた山である。有度丘陵の山頂である日本平は、測地学的方法で測量すると、年におよそ 1 mm の割合で隆起している。この数値に年数をかけてみると、この丘陵地は 1000 年に 1 m の割合で隆起していることになる。それでは、この丘陵地の隆起はいつから継続していたのだろうか。有度丘陵の基盤を構成する地層のうち、もっとも古い地層は根古屋層といって、約 30 万年前の海に堆積した泥岩層である。泥岩には、堆積した当時、海底に生息していた底生生物が化石になって含まれている。それらは現在、駿河湾の 200 m くらいの水深にすんでいる種類と同じであることから、この生物を化石として産出する根古屋層の泥岩は、水深 200 m で堆積したと推定される。泥岩層は標高 100 m 付近に分布しているので、この地域は 30 万年間に 300 m 隆起したことを示している。すなわち、過去 30 万年間、地層は 1 年に 1 mm の割合で隆起していたという計算である。この数値は現在の測地学的な方法で観測した隆起量と同じであり、少なくとも 30 万年前から有度丘陵はほぼ同じ速度で隆起していたと考えてもよさそうである。それでは、100 万年前はどう

であったのだろうか．有度丘陵の場合，地層を隆起させたフィリピン海プレートの収束方向が100万年前には現在のような北西方向ではなく，北方向であったことがわかっているので，100万年前には，フィリピン海プレートは駿河湾西部には収束しておらず，トランスフォーム断層のすれ違い境界になっていたことになる．したがって，地殻変動の様子も違っていた可能性が高い．すなわち，有度丘陵の隆起の場合，変動現象は100万年間も継続していないということになるのである．

(4) 時間は不変か

私たちは1年を地球の公転によって365日とし，1日を地球の自転によって24時間とした時間枠のなかで暮らしている．そして，日常のすべての生活は時計が正確に刻む「時」に基づいて営まれている．このとき私たちは，時間は不変の単位だと信じている．しかし，はたしてそうなのだろうか．

時間の単位は「1900年1月0日正午における太陽の黄道上の平均角速度に基づいて算定した1回帰年(太陽年)の1/31556925.9747を秒とし，これを時間の単位とする」と定義されており，地球が太陽のまわりを1周する公転周期が基準となっている．このようにして定義した時間を「天文時」という．一方，秒は原子の振動に基づいて「セシウム133の原子の基底状態の2つの超微細準位の間の遷移に対応する放射の91億9263万1770周期の継続時間である」と定義する「原子時」がある．1967年に定義された原子時は正確に時を刻むが，人間生活とは直接かかわらないので，天文時のほうが私たちには身近である．

私たちは，このような天体の動きは昔から変わっていないように思っている．しかし，1963年にアメリカ，コーネル大学のウェルズ(Wells, J. W.)が発表した単体サンゴ化石の研究は，「過去の地球の自転速度は現在と違っていた」というものであった．その理屈はつぎのようである．サンゴは細胞内に褐虫藻という単細胞藻類を共生させており，その藻類が光合成をしてつくり出した産物を用いて石灰質の殻をつくる．したがって，光が射さない夜間には，サンゴの殻は形成されないことになる．このようにして，サンゴの殻には1日1本の割合で，日輪を示す筋模様ができていく．この筋の数はちょうど木の年輪と同じように，サンゴが成長した日数を示している．サンゴの骨格にみられる筋と筋の間隔は広くなっていたり，狭くなっていたりする．この広いところは速く成長した部

分であり、狭いところは成長が遅かったところである。サンゴ化石に残された筋を丹念に調べていくと、筋どうしが「狭くつまっているところから、間隔がだんだん広くなって、また狭くなっていく」というような規則的な変化が観察される。速く成長するのは気温が高い夏で、遅い成長は冬だと考えてみると、「間隔が狭いところから広くなって、また狭くなる」という周期は過去の地球の1年を示していることになる。このようにしてウェルズは、およそ3億4500万年前のサンゴ化石の筋は1年間に400本も存在し、また2億8000万年前のサンゴ化石の場合には、この筋が1年間に390本あることを明らかにした。つまり、昔ほど1年あたりの日数が多かったことを発見したのである。

さまざまな年代のサンゴ化石から読み取った1年の日数を調べてみると、確かに「過去のほうが現在よりも1年の日数が多かった」ことがわかる（図1-3）。このような事実は日輪を記録する二枚貝の殻やストロマトライトでも認められている。1年の日数は地球が太陽のまわりを1周する間に自転する回数である。この公転周期は現在も過去もほとんど一定であったと考えられているので、昔

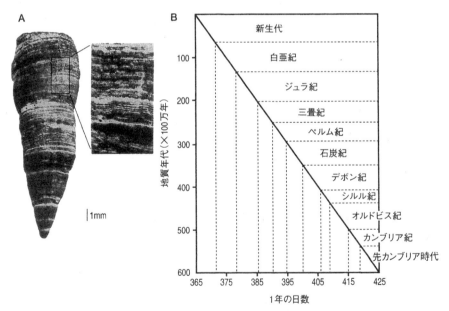

図1-3 サンゴの成長線（日輪）とさまざまな年代のサンゴ化石から読み取った各地質時代の1年の日数。
A：デボン紀の単体サンゴ（スウェーデン、ゴットランド島産）。Kennett & Ross(1984)より。B：地質時代をさかのぼるほど1年の日数は長くなっている。Runcorn(1966)より改変。

の1年は現在よりも日数が多かったということは，地球の自転速度が速かったことを意味する．すなわち，昔の1日は24時間よりも短かったのである．

　地球の自転速度は過去から現在にかけて減速している．それによって1年の日数が減少し，1日の時間が長くなってきたのはどうしてなのだろうか．この現象は，月の引力による潮汐が海水と海底との間に摩擦を引き起こすからであると説明されている．海水の摩擦によって地球の自転速度にブレーキがかかるということである．こうして地球の自転が遅くなると，月は地球からだんだん遠ざかっていく．ちょうどフィギュアスケートでスピンするときに，手を体につけるようにすると早く回転し，手を伸ばすと遅くなるのと同じ理屈である．

　何億年という長い時間間隔でみると，1日の時間はどんどん長くなっている．つまり，8億5000万年前のストロマトライトは1年が435日で1日が20時間6分であったことを，また3億7000万年前のサンゴは1年が400日で1日が21時間45分であったことを示している．このように，私たちが不変であると思っている時間も，じつはどんどん変わっていくものなのである．

1.2　奇跡の星

(1)　宇宙のなかの地球

　私たちの住む銀河系には2000億個の星が存在し，その大きさは10万光年というとてつもなく広い世界である．宇宙にはこのような銀河系が数百億個も存在する．私たち地球型の生命体からみると，宇宙の大部分は真空であり，そこには紫外線や宇宙線の飛び交う過酷な世界が広がっている．

　このような宇宙のなかで現在，私たちが知るかぎりではたった1つ，地球という星だけが生命にとって幾重にも防護壁を張りめぐらされた温和な大気と豊かな液体の水をたたえている．この青く美しい水をたたえた星である地球は「水の惑星」とよばれる．生命にとって奇跡ともいえるこの星はいつどのようにしてできたのであろうか．そして，どのような過程を経て現在のような姿になったのか．その水のなかで生まれた生物は，多くの事件に遭遇しながら進化を続け，今日にいたっている．いったい，そこにはどのような壮大なドラマがあったのだろうか．人類は知的な活動をはじめて以来，ずっとこのような疑問をも

ち続けてきた．しかし，この疑問にかなりの確信をもって答えることができるようになったのは，20世紀も終わりになってからのことである．

(2) 地球の位置づけ

　地球は太陽系の一員として，ほかの惑星とほぼ同時期に誕生した．この兄弟星のなかで地球が「奇跡の星」といわれるのは，ひとえに太陽との位置関係にあるといえる．生命体にとって地球がいかに恵まれた環境にあるか，そして，太陽とじつにほどよい位置関係にあるかは，地球の両隣に位置する惑星(金星と火星)と比べてみると，よく理解することができる(図1-4)．

　地球の内隣に位置する金星の大気組成は，96.5%の二酸化炭素と3.5%の窒素からなっている．これに対して，地球大気の主成分は78%の窒素と21%の酸素からなり，二酸化炭素の量はわずか0.03%と極端に少ない．この違いはなにによるのであろうか．それは，地球には膨大な量の液体の水(海)があり，その水が循環しているからなのである．それでは，その水はどこからきたのであろうか．水分子は水素と酸素があればできる．もともと太陽系の物質中には，ふんだんな水素原子と酸素原子が存在していたと考えられている．金星にも地球と同じように大量の水分子が含まれていたはずである．ところが，金星は大きさも質量も地球とほぼ同じであるにもかかわらず，距離的に太陽に近いために，その水のすべては蒸発してしまい，分厚い硫酸の雲とほとんどが二酸化炭素からなる大気に覆われている．そして，表面の温度は460℃という灼熱と90気圧という高圧の世界になってしまった．

　他方，火星はどうであろうか．火星は地球の半分の大きさで太陽から遠いと

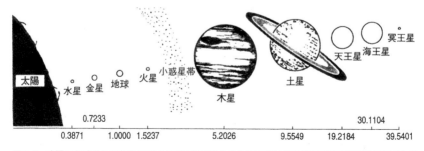

図1-4　太陽と各惑星との位置関係および相対的な大きさの比較(太陽との距離は天文単位で示されている)．

ころに位置するために，水のすべては氷結してしまい，その表面温度は−60℃と氷の世界になってしまった．気圧も0.006気圧と低い．このようにして，地球のように液体の水(温度にして0-100℃)が存在するためには，これらの星の軌道が太陽から1.3-1.6億kmの範囲内になければならない．もし，私たちの地球がもう少し太陽に近かったり，また遠かったりしていたら，現在のような年平均気温15℃の豊かな水をたたえた環境にはなっていなかったであろう．太陽系のなかで地球はそれほど微妙なところに位置しているといえるのである．このように地球が生命にとってほどよく恵まれた環境にあるのは，地球の質量が適当な大きさであったことも幸いしている．すなわち，希ガスは重力圏外に離散させるが，水分子は重力圏内に引きとどめ，蒸発した水もけっして宇宙空間に逃さず，降雨として回収しているシステムを組むことができたことによるのである．このことは，地球とほぼ同じ位置にあり，地球の衛星である月には水分がほとんどないことと関係する．月は小さいがために重力が小さく，そのために水分を引きとどめておくことができなかったのである．

1.3 動く大地

(1) 大陸は移動する

地球は宇宙空間を秒速30 kmという猛スピードで動いているが，地球上に住む私たちはこれを実感していない．これと同じように，私たちは長い間，「動かざること大地のごとし」と大地は動かないものと決めつけていた．ましてや大陸が移動することなどは考えられないことであった．

1915年，ウェゲナー(Wegener, A.)は「現在の地球上の諸大陸は，約2億年前に1つの超大陸パンゲア(Pangaea)から分離し，移動したものである」という大陸移動説を発表した．その証拠として，大西洋をはさんでアフリカと南アメリカの海岸線がよく似ていること，そして両大陸には海を渡ることのできない同種類の動植物化石が発見されること，さらに石炭紀からペルム紀にかけての氷河の堆積物や痕跡が南アフリカ，インド，オーストラリア南部，南アメリカ南部に分布していることなどをあげた．しかし，大陸を移動させる原動力を説明することができなかったために，この説は長い間受け入れられなかった．その

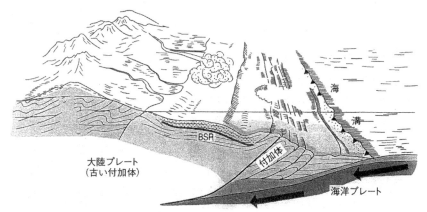

図1-5 付加体の形成概念図．海洋プレートは島弧の付近で大陸プレートの下に沈み込み，同時に付加体を形成する．BSR；Bottom Simulating Refrector．（平，原図）．

後，1950年代の末に古地磁気学が，1960年代になって海洋底拡大説とプレート・テクトニクス（plate tectonics）が登場することによって，大陸移動は揺るぎない説として復活した．

　海洋底に比べて大陸の下では地球内部の熱がたまりやすい．熱がたまると熱対流でマントル物質は上昇して，下から大陸を突き上げ，大陸を割って熱が放出される．そして，大陸にできた裂け目に海水が流れ込む．この裂け目から，地球深部のマントル物質から生じた玄武岩質マグマが噴出し，冷え固まって海底山脈（海嶺）を形成する．この海嶺でつぎつぎと噴出するマグマが海洋プレートとなり，新しい海洋底が誕生する．これらの海嶺は大洋底のほぼ中央部に連なるので「中央海嶺」とよばれる．新しく生産された地殻は厚さ100 kmほどの硬い板（プレート）として，その下のマントルの対流に乗って，1年間に数cmという速度で海嶺の両外側に移動していく．すなわち，海洋底は拡大していく．さらに，古い海洋地殻は海溝で大陸プレートの下に順次潜り込み，再びマントル内に取り込まれていく．このとき，海洋プレートの最上部の地層は大陸プレートの下側に順次貼りつけられる．このプロセスを「付加」といい，これらの地層を総称して「付加体」とよんでいる（図1-5）．このようにして現在残されている最古の海洋底は，マリアナ海溝の東に接する約2億年前の太平洋プレートである．プレートどうしが衝突するところでは大山脈が形成される．

(2) プレート・テクトニクスとは

　地球の表層部は，アセノスフェア(asthenosphere)とよばれる高温で流動性に富む層(厚さ約 700 km)の上を，リソスフェア(lithosphere)とよばれる地殻とマントル上部からなる剛性の層(厚さ約 100 km)が覆っている．このリソスフェアは十数枚のプレートに分かれていて，それらは年間 1–10 cm の速度で動いている．山脈や海溝ができたり，地震が起こったり，また火山が噴火したりするのは，これらのプレートがたがいに水平移動することによって起こる．この地球表層部のプレートの動きについての研究をプレート・テクトニクスという．テクトニクスとは地質構造の形成を研究する学問のことをさしている．そして，これらのプレートの運動は，それぞれ「地球表面上の一点を中心とした球面回転運動で記述される」という「オイラー(Euler, L.)の法則」にしたがっている(図 1-6)．

　地球上の海陸の分布や海底の起伏などは，すべてプレートの相互運動の結果として生じている．プレートどうしの相対的な動きによって，プレート間には拡大境界(海嶺)，収束境界(海溝)，すれ違い境界(断裂帯)の3つの境界が存在する(図 1-7)．拡大境界はプレートが生産される場所で，海洋では海嶺が，また大陸では地溝帯(リフト lift)がそれにあたる．収束境界では，大陸地塊どうしが衝突するとアルプスやヒマラヤのような山脈が形成され，また一方が他方のプレートの下に沈み込むと，日本海溝のような海溝が形成される．すれ違い境界は，基本的には「横ずれの断層」として現れるが，同一方向に動いているプレートが異なった速度で拡大すると，プレート間の断層は同じ方向に動いているのに，相対的にすれ違うようになる．この断層をトランスフォーム断層とよんでいる．

　このようなプレートの運動はいつごろからはじまったのであろうか．過去数億年間についてはよくわかっているが，それ以前についてはこれまで不明であった．最近，カナダ楯状地やグリーンランドのイスアで，「付加体」とよばれる地質構造(沈み込んだプレートが大陸の下へ潜り込み，つぎつぎに付加される)が明らかにされ，38 億年前ごろからプレート運動がはじまっていたことの証拠とされている．

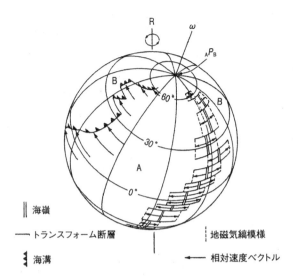

図1-6 オイラーの法則によるプレートの回転移動．AプレートがBプレートの下に沈み込むような2つのプレートからなると仮定した場合，Aの右側は広がる境界で，海嶺とトランスフォーム断層とからなり，またAの左側は縮まる境界で海溝からなる（自転軸はRであって，この図の子午線と緯度線は地理的な子午線と緯度線ではなく，オイラー極[角速度 ω を示す点 ${}_AP_B$]を通る大円とオイラー極を中心とする小円である．ただし，オイラー赤道[0°]だけは小円ではなく大円となる）．杉村(1987)より．

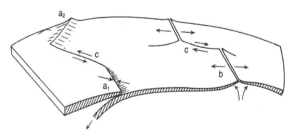

図1-7 3つのプレートの境界．a：収束境界（a_1；沈み込み帯，a_2；衝突境界）．b：拡大境界．c：すれ違い境界．上田(1989)より．

(3) 海陸分布

　地球上の大陸の位置は新しい海洋プレートが生産されると移動し，その位置を変化させている．地質時代の海陸分布は，海洋底に残されたいくつかの記録を解読することによって復元できる．その第1は海洋プレートに記録された磁気異常の縞模様（テープレコーダー・モデル）である（図1-8）．

　磁気異常は，海嶺で生産された海洋プレートがそのときの地球磁場の方向に対応して，正逆のいずれかに磁化するために生じる．地球磁場は過去450万年の間に十数回逆転している（およそ50万年おきに北極と南極が入れ替わっている）ので，生産された海洋プレートにはその逆転期間と回数に対応した磁気異常の縞目が残ることになる．海洋プレートの生産速度が速ければ，1つの磁気異常の縞目の幅は広くなり，また遅ければ狭くなる．このように，海洋底の磁気異常の縞目の幅と幾何学的な配置は，海洋プレートの形成年代や拡大速度とその方向を示している．

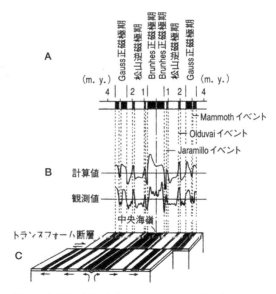

図1-8　海洋底の磁気異常．A：Coxらによる地磁気の逆転史．B：Vine-Wilsonによる東太平洋海嶺における計算値と観測値の比較．C：テープレコーダー・モデルとトランスフォーム断層．上田（1989）より．

岩石中に残された過去の磁場の記録を古地磁気という．古地磁気は岩石が冷却固化したり，堆積物が沈殿固化するときに，そこに含まれる磁性鉱物が地球磁場の影響を受けて磁石となって固定される．すなわち，その時代の磁場と同じ方向に鉱物が磁化して配列するので，岩石中にその岩石ができたときの地球磁場が記録されるのである．

海洋底が拡大していることを示す第2の証拠は，海洋プレート上の火山島の年代とそれらの配列方向にみることができる．地球内部からの熱の通り道は全球上に不動な点としていくつか存在している．これをホット・スポット(hot spot)といい，マグマが生産される場所でもあり，そこではつぎつぎと火山島が生まれている．

プレートはこの不動点であるホット・スポット上を年間3-4 cmの速度で移動する．速いところでは年間10 cmに達するところもある．したがって，プレート上の火山島は時間の経過とともにホット・スポットから外れ，マグマの供給がなくなって活動を停止する．しかし，ホット・スポット上では新たな火山島が誕生する．このようにして，ホット・スポット付近ではプレートが移動した方

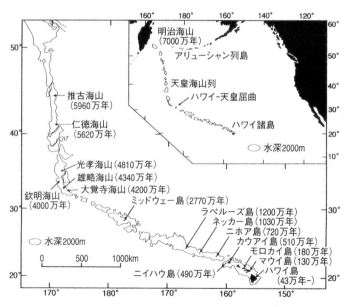

図1-9　ホット・スポットとハワイ-天皇海山列．上田(1989)より改変．

向に,時代順に火山島の列が形成される.太平洋上のハワイ-天皇海山列はこのよい例である(図1-9).南東から北西に伸びるハワイ諸島は,現在活動しているハワイ島から北西に向かって形成年代が古くなっていく.そして,約4000万年前に形成された海山を境に,北方に伸びる天皇海山列に変わる.このことは太平洋プレートが約4000万年前に,運動方向が北向きから北西-南東方向へと変化したことを示している.また,これらの火山島が波に浸食され,その頂上部が削られて平らになったギヨー(guyot)とよばれる海底火山が知られている.

このように海洋プレート上に残された記録をたどることで,私たちはいまから2億年前までのプレートの活動史を編纂することができる(図1-10).なお,2億年以前の記録は海洋底には残されていないので,大陸内部にある過去のプレート境界の活動史を調査することによって推定することになる.具体的には,かつて地殻が隆起し,山脈を形成したところ(造山帯という),すなわち収束境界部を調査し,いつどのようにして古海洋が収束して山をつくるような運動になったのかを理解することができる.また,岩石や地層中に残された地球磁場の記録から,その岩石や地層が形成されたときの緯度や極の位置を決定し,そのデータに基づいて大陸の移動を推定することもある.

各大陸から得られた地質時代の岩石が示す磁場は,現在の地球の磁場と一致せずに,ばらばらである.そこで,同時代の岩石が示す磁北を一致させるよう

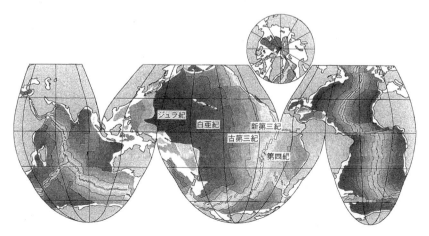

図1-10　海洋底の年代.年代は海嶺に近いほど新しく(白色),遠いほど古い(黒色).Open University(1989)より作図.

に大陸どうしを移動させると，ウェゲナーの大陸移動を再現することができる．また，過去における地球磁場（磁極）は，時代とともに地球の自転軸に対して漂移したことや，南北極が何度も反転したことがわかっている．このようにして，現在では約8億年前以降の海陸分布が明らかにされている．

(4) プルーム・テクトニクス

地球は表層部だけが活動しているのではなく，中心部の金属核に蓄積された熱を外部に運搬するためにマントル内では対流が起き，高温で上昇する部分と，逆に低温で下降する部分とができる．このようなマントル内の鉛直方向の物質の流れをプルーム（plume）とよび，地震波トモグラフィー（tomography）という研究手法を用いて明らかにされている．地震波は温度が低く密度の大きい岩石中を通過するときは速く，温度が高く密度の小さい岩石中では遅くなる．この地震波の性質を用いて，人体のX線CTスキャン（断層写真）を撮るように，地球内部の三次元的構造を調べることができる（図1-11）．このように地球表層部の物質の動きを研究するプレート・テクトニクスに対して，地球内部の動きを探るプルーム・テクトニクスが誕生した．

これらのプルームのマントル内での上昇（ホットプルーム）や下降（コールドプルーム）が，最終的に地球表層部の海陸分布やプレートの動きを支配していると考えられている．現在，ホットプルームは南太平洋のタヒチ諸島周辺とアフリカ大陸の東部にあり，またコールドプルームはアジア大陸の東部にあることが

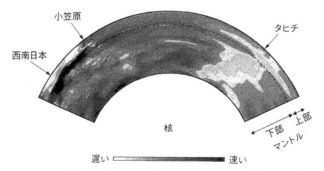

図1-11 マントル・トモグラフィー（地震波P波の速度からみた地球内部のイメージング）．マントルと核（コア）の境界部で生じた熱い岩石塊が地球の表層に向かって上昇し，冷たい岩石塊が地球の表層からマントル内に下降していく様子が示される（P波の速度が速い部分［冷たい］が黒色，遅い部分［熱い］が白色で示されている）．（深尾，原図）．

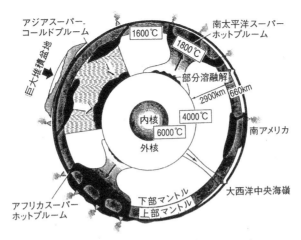

図 1-12　プルーム・テクトニクスの模式図．核・マントル境界からホットプルームが湧き上がり，大陸縁（海溝）でプレートが沈み込むことによって，コールドプルームが地球の中心部に沈んでいく．丸山（2000）より．

明らかにされている（図 1-12）．

1.4 地球環境問題

(1) 地球の温暖化

　地球はそれ自体，環境に対する自己制御機構をもっている．生命が誕生して以来の地球環境は，人類が出現するまでこの自己制御機能を自然の法則にしたがって正常に働かせてきた．ところが，地球の歴史は 500 万年前の人類の出現によって，まったく新しい時代に突入してしまった．人類の出現は生物進化の一連の産物ではあるが，人類が知能をもち，文明を築いたことによって，自然を大規模に改変する結果となってしまった．

　地球と同じ時期に誕生した金星の大気は，96％ 以上が二酸化炭素からなる．これに対して，地球の大気には，二酸化炭素は 0.03％ しか含まれていない．しかし，アメリカ海洋大気局（NOAA）がハワイ島のマウナロア山（標高 4171 m）で継続観測している 1958 年以来の記録によると，地球大気中の二酸化炭素濃度は毎年平均 1.4 ppm の割合で増加し続けているという（図 1-13）．また，南極の氷

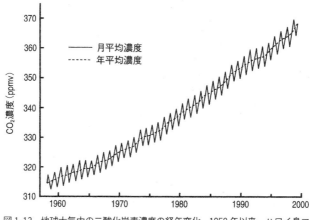

図1-13 地球大気中の二酸化炭素濃度の経年変化．1958年以来，ハワイ島マウナロア山では継続的に観測されている．この場所が選ばれたのは局地的な大気の汚染が少ないことと，この付近の空気が全地球的に充分に混合していると考えられるからである．グラフは二酸化炭素が着実に増加していることを示している．実線のジグザクの山は北半球の冬を，また谷は夏を示している．NOAAのデータをもとに作成．

床に閉じ込められている空気の泡から二酸化炭素量を測定し，同時に，氷から酸素の同位体比による気温を求めると，両者の時間的な変化に強い相関がみられた．つまり，二酸化炭素量の増減と気温の昇降の傾向がほぼ一致しているのである．また，1万年前の二酸化炭素量は約0.025％であり，100年前は0.03％という値も得られている．

　太陽光が地球に入るときには，大気を素通りして地表に達する．しかし，暖められた地表から赤外線となって地球外に出ていくときは，大気中の水蒸気や二酸化炭素に吸収される．この現象を「温室効果」といい，大気中の二酸化炭素の増加はただちに地球の温暖化を引き起こす要因となっている．

　現在の大気中の二酸化炭素がこのまま増え続けると，21世紀の後半には産業革命以前の二酸化炭素濃度(275 ppm)の2倍になると予想されている．そのとき，地球の平均気温は1.5-4.5℃ほど上昇し，両極の氷は溶け出して，海面は20-140 cm近く上昇するであろうと推定されている．地球の温暖化は多雨と少雨の地域を拡大し，海岸低地帯の浸水や高潮の被害が懸念される．また，干ばつにより農作物に重大な被害がもたらされるであろうと警告されている．

　大気中への二酸化炭素のおもな供給源は，生物の呼吸や腐敗による分解，火

山活動などがあるが,人間活動にともなう焼畑や地質時代の生物遺体に由来する石炭や石油,天然ガスなどの化石燃料の消費がもっとも大きいとされている.

海洋は二酸化炭素の循環のなかで,その吸収源として重要な役割を果たしている.海水中には二酸化炭素がほぼ飽和に近い状態で溶けており,その量は大気中の60倍にも達する.したがって,海洋は二酸化炭素の貯蔵庫であるといえる.表層海水は大気中の二酸化炭素とほぼ平衡を保って飽和しているが,深層水は不飽和となっている.サンゴなどの生物によって固定された石灰岩もまた,巨大な二酸化炭素の貯蔵庫といえる.このような石灰岩をつくる生物はサンゴのほかにもたくさんいて,石灰藻類や石灰海綿,また,有孔虫やココリス(coccolith)などの微小生物も石灰質の骨格や殻を形成することによって,炭素の固定に大きく寄与している.しかし,海洋は化石燃料の消費によって大気中に放出された二酸化炭素の3分の1程度しか吸収していないことも明らかにされている.

一方,森林における二酸化炭素の収支は,生物の光合成による吸収と呼吸や死後の分解による放出とがほぼ等しいので,海洋ほど大きな役割はもっていない.いずれにしても,地球上のサンゴ礁と熱帯雨林はこの数十年間で半分が失われ,地球の温暖化を加速していることだけは確かである.

このような温暖化は生物の分布を大きく変化させることになる.たとえば,マラリアを媒介するハマダラカは現在,台湾を北限として熱帯および亜熱帯に分布している.しかし,もしも地球の温暖化が進行し,年平均気温が1℃上昇すると,その分布の北限は日本列島にまで伸びてくるといわれている.また,2002年に北アメリカで大流行した西ナイル熱(アフリカ原産の蚊が媒介する)も,同様の現象としてとらえることができる.すなわち,本来ならば生息できないはずの北アメリカの気温が上昇したために,アフリカ原産の蚊が分布圏を広げたというわけである.もちろん,蚊が飛行機に乗って短時間でアフリカから北アメリカに移動できたことが前提となっている.

(2) 地球環境の破壊

1980年代に入って,南極大陸上空のオゾン(O_3)の量が,10年間で40%以上減少していることが発見された.全地球平均でも年に1%程度の減少が観測されている.成層圏におけるオゾンの濃度分布を地図上に描くと,少ない部分に穴

> Box-2 アース・デー(地球の日)
>
> 自動車の排気ガスなどで深刻化した公害問題を抱えていたアメリカで,環境を守るためのキャンペーンとしてはじまった市民運動.デニス・ヘイズ(Hayes, D.)によって1970年4月22日に提唱され,10年ごとに地球の環境を診断しようというものである.当時は,二酸化炭素の排出による地球の温暖化のような地球規模の環境問題は注目されていなかった.最初は,酸性雨や森林破壊などの特殊事情を抱えたアメリカの地域的な運動であったが,その後,この運動は全世界に広がっていった.

が空いたようになることから,オゾン・ホールと名づけられた.この原因は,人工化学物質(塩素やフッ素を含む有機化合物)であるフロン,正確にはクロロフルオロカーボン(CFCS)がオゾン層を破壊している可能性が高いことが指摘されている.フロンは成層圏で紫外線により分解されて塩素(Cl)原子を生じる.この塩素原子がオゾン分子を分解する.オゾン量が減少すると,地上に到達する紫外線量が増加し,ひいては生物の生命を脅かすといわれている.また,オゾンの減少は成層圏の気温を低下させ,大気の循環にも大きな影響をおよぼすことになる.

このほか,酸性雨の増大,放射能をはじめとする廃棄物や有害化学物質の放出などによって,大気も陸上も,そして海洋までも,人間活動にともなう地球上の汚染は日ごとに増大している.数百万年の人類の歴史は,46億年の地球の歴史に比べればほんの一瞬にしかすぎない.長い時間をかけて営まれてきた,このかけがえのない地球を,私たちは一瞬にして破壊してしまうかもしれない危険性をもっているのである.このような人類の活動に警告を発し,私たちの地球を考え直す日として,4月22日をアース・デー(Earth Day,地球の日)とすることがアメリカで提唱された.

(3) 現生生物の大量絶滅

地球上にはこれまでに1000万種を超える生物が生まれ,滅びていった.これまでに生物の大量絶滅事件は5回あったことが明らかにされているが,「つぎの6度目の大量絶滅は現在である」といわれている.

現在，地球上には200万種の生物が知られているが，これらの生物は40億年という長い時間を経て進化と絶滅のドラマを繰り返してきた結果，いまここに存在しているのである．そして，この生物は人類の出現によって，いま大量絶滅の危機にさらされている．

　巨大な哺乳類であるマンモス(Mammoth)はヨーロッパ北部からシベリアにかけて，さらに北アメリカ，そして日本でも北海道に生息していたが，約1万年前に絶滅してしまった．その原因は自然環境の変化ばかりではなく，人類による狩猟が大きな要因となったと考えられている．また，「アラビアン・ナイトのロック鳥」のモデルとなったマダガスカル島の飛べない巨鳥エピオルニス(*Aepyornis*, 体高3 m, 体重450 kg, 卵の長径35 cm)は人間の食料として乱獲され，17世紀半ばには絶滅している．ニュージーランドの巨大な飛べない鳥ジャイアント・モア(Giant Moa)もまた，同じようにして19世紀のはじめに絶滅した．このようにして，多くの動植物が人間の行為によって地球上から姿を消していったのである．

　最近の20年間で生物種の15％もが絶滅しているという統計値もあり，毎年何百種もの生物が絶滅しているともいわれている．人類が動植物に直接危害を加えないとしても，多くの間接的なダメージが結果として生物の絶滅を引き起こしている．そのよい例が森林の伐採や焼き畑，農地や牧草地の拡大であり，さらに湿地や水域の埋め立てによる自然改良が生物の生息地を奪うことになる．17世紀以降の哺乳類の絶滅をみただけでも，75％がこのような人間活動にともなうものであるといわれている．

　そこで生物多様性の保護を目的として，これまでにラムサール条約，世界遺産条約，ワシントン条約，渡り鳥条約などがつくられ，1992年には遺伝資源を含む生態系までを配慮した生物多様性条約が結ばれた．

　すでにレイチェル・カーソン(Carson, R.)が『沈黙の春』(1962)で指摘している合成化学物質による内分泌攪乱物質(いわゆる環境ホルモン)や放射能汚染による生物への影響は，今後さらに深刻な問題として，私たちの身にせまってくるであろう．

2 地球の誕生

　宇宙は200億–150億年前に突然膨張しはじめた．これがビッグ・バンといわれる宇宙の誕生である．それ以前の宇宙については，現在の物理学ではあつかえない．宇宙では絶えず星が生まれ，そして死んでいく．水素の原子核反応が星の誕生であり，水素が燃えつきたときが星の死である．大部分の星は一生を終えるときに「超新星爆発」を起こし，物質を四方に吹き飛ばし，大きな渦をつくる．これがつぎの新しい星を誕生させる．

　地球は太陽系を構成する惑星であり，地球の誕生を考えるためには太陽系の誕生について考えなければならない．現在の太陽系にみられる小惑星や彗星などの小天体は，原始太陽系が形成されたときの微惑星の残骸と考えられている．したがって，これらの小天体の組成や性質を調べることによって，地球創世期の様子を類推することができる．しかし，地球が形成された46億年前から40億年前にかけての記録は，地球上には残されていない．そこで初期の地球の様子は同じ太陽系の兄弟星である月や火星，金星などの表面に記録された地質学的証拠や隕石の研究などをとおして類推される．このような研究手法を比較惑星学とよんでいる．

2.1 宇宙と惑星の進化

(1) 原始太陽系の形成

　太陽系は銀河系の端にあった1つの超新星の爆発によって，およそ50億年前に形成された．吹き飛ばされたさまざまな元素からなるガスと塵（星間物質）によって，原始太陽系星間雲が形成された．この星間雲が大きな渦をつくりながら高温ガスとなり，やがてすべての物質を蒸発させて凝縮しはじめた．このとき，物質の大部分は重力により中心に集まって太陽を形成し，残された物質は太陽の周囲を回転する円盤状の原始惑星雲となった．そして，蒸発しにくい

物質（アルミニウムやカリウム）から徐々に固体に変化していった．そこでは微惑星が無数に飛び交い，たがいに衝突を繰り返しながら合体して，太陽を中心に地球を含む9個の惑星と63個の衛星を誕生させた．地球はこのような過程のなかで太陽系の第3惑星として生まれた．太陽系には，そのほかに約8000個の小惑星と約150個の周期彗星の存在が知られている．

太陽系の半径は100天文単位（地球と太陽との距離を1天文単位という）以上の円盤状の広がりをもち，質量の99.9%は太陽に集中している．

(2) 元素の起源と進化

すべての原子は水素からできたと考えられている．原始星は水素(H)をヘリウム(He)に変える原子核反応ではじまり，水素がなくなるとヘリウムから炭素(C)や酸素(O)，さらにマグネシウム(Mg)やケイ素(Si)，鉄(Fe)としだいに重い元素を合成した後に爆発する．鉄よりも重い元素は超新星爆発のときにつくられる．

恒星の死とともに，これらの重元素（炭素より重い元素）を含むガスが星間にまき散らされ，その星間ガスから新しい恒星が生まれる．このようにして宇宙にはしだいに重元素が増えていく．

元素は天然に85種あり，それらの同位体を含めると300種以上存在する．太陽は太陽系全体の質量のほとんどを占めるので，太陽大気のスペクトル分析で推定された化学組成が太陽系を代表していると考えてよい．そして，炭素質コンドライトが太陽系における物質進化の出発点になったと考えられている．それは，隕石の揮発性元素（水素やヘリウムなど）を除いた化学組成が太陽大気の組成と一致しているからである．

太陽系の内側に位置する内惑星（水星，金星，地球，火星）は「地球型惑星」とよばれ，平均密度は$3.9-5.5\,\mathrm{g/cm^3}$で，主として重い金属と岩石から構成されている．地球型惑星の表面は硬い岩石からなり，内部構造もたがいに似ているが，表層部の様子はそれぞれ大きく異なっている．すなわち，地球の表面には液体の水があるのに対して，ほかの地球型惑星にはほとんど水がない．そして，太陽にもっとも近い水星は，質量が小さく重力が弱いために軽い元素は離散してしまい，大気もほとんどない．地球の大気は窒素と酸素を主成分とするが，金星の大気の主成分は二酸化炭素である．なお，火星の最近の調査によれば，地下で凍っていた水が溶け出してできたような地形が確認され，地下には水が

存在していると考えられている.

一方,太陽系の外側に位置する外惑星(木星,土星,天王星,海王星,冥王星)は「木星型惑星」とよばれ,太陽とともに重力が大きいために,主として水素やヘリウムなどの軽い物質が保持されている.木星型惑星は質量や半径は大きいが,平均密度は $0.7–1.6\,\mathrm{g/cm^3}$ と小さい.さらに自転周期も短く,多数の衛星をもつ.木星型惑星の表面は地球型惑星のそれとは異なり,大気との間にはっきりとした境界がなく,中心部に向かって圧力が増すために,気体から液体,そして固体へと移り変わる.

2.2 初期の地球環境

(1) 原始地球の形成

微惑星の集合体に強い重力が生じ,周囲の微惑星を集めながら原始地球はさらに成長していった.当時の地球表面は微惑星の集積とそれらの衝突によってクレータで覆われ,そのクレータのなかは衝突エネルギーで溶かされた岩石でマグマの湖となっていた.このとき,地球表層部にあった水素やヘリウムなどの希ガスからなる最初の大気は質量の大きな太陽に引きつけられ,そのほとんどは宇宙に離散してしまった.

それからほぼ1億年の後,地球に最初の大事件が起こった.それは地球の質量の10分の1ほどの惑星が地球に衝突し,これによってはじき飛ばされた物質が地球の衛星である月を形成したというのである.原始地球は微惑星の衝突や地球内部からの放射性物質の自然崩壊にともなう熱による「脱ガス現象」によって水や炭素の化合物は蒸発し,周囲に飛び散ったガスが地表を取り巻いて,水蒸気と二酸化炭素・窒素を主成分とする厚い原始大気を形成した.この水蒸気成分が温室効果を高め,地表の岩石を溶かし,さらに温度を上昇させていった.隕石の落下はなおも続き,地表から 1000 km の深さまでマグマで覆われた.当時の地表温度は 1300℃ と推定され,地球の環境はまさに灼熱の世界であった.このころの地球を「マグマ・オーシャンの時代」とよんでいる.やがて大気中の水蒸気量が増加すると,水蒸気はマグマに溶け込みはじめた.水蒸気大気の量が減ると,地表の熱は宇宙空間に逃げ,地球の温度は下がりはじめた.

(2) 地球の大きさとかたち

　古代の人々は最初，地球は平らなテーブル状のものと考えていたが，やがて大地は球形であると考えるようになった．紀元前330年ごろ，アリストテレス(Aristoteles)が唱えたように，「北極星の高度が北の地域に行くほど高くなり，月食のときに月の面に映る地球の陰が円弧をなしている」ことなどから，地球は球形をしているのではないかと考えるようになったのである．そして，人類が宇宙に浮かぶ球状の地球を実際にみたのは1961年，ロシアの宇宙船ヴォストーク上のガガーリン(Gagarin, Y. A.)が最初であった．

　地球は丸いとはいえ完全な球形ではない．1672年，フランスのリシェー(Richer, J.)は南アメリカのギアナ高地に旅行したとき，パリで正確に調整した振り子時計がギアナでは1日に2分半遅れるので，振り子を短くしてこれを調整した．彼はこの時計をパリにもち帰ると，今度は逆に2分半進むことに気づいた．この事実は，地球が赤道方向に膨らんでいて，そこでの重力が高緯度での重力よりも小さいと考えれば説明がつく．このように地球の赤道地方と極地方では，緯度1°に対する子午線の長さが異なる．すなわち，子午線の長さは赤道では短く，極で長いのである．以上のことから，地球のかたちは赤道方向に膨らんだ回転楕円体で近似できるので，これを「地球楕円体」とよんでいる．地球は高速で自転しているために，赤道半径(6378.136 km)が極半径(6356.751 km)に比べて21 kmほど大きく膨らんでいるのである．

　この地球楕円体は単純化した地球の曲面で，実際の地球表面はほぼ海面に近いと考えられる．そこで平均海面を陸地にまで延長して地球全体が理想的な平均海面に覆われたと仮定し，この面をジオイド(geoid)とよんでいる．

(3) 地球の層構造

　地球は大気圏と水圏，地圏(固体地球)からなる．現在の地球の体積と質量から求めた地球の平均密度は約 5.5 g/cm^3 であり，地球は表層から中心部に向かってケイ酸塩質の地殻とマントル (mantle)，金属質の核（コア core）に分かれた層構造をしている．地殻(平均密度約 2.7 g/cm^3)中に存在するおもな元素は酸素(O)，ケイ素(Si)，アルミニウム(Al)，鉄(Fe)，カルシウム(Ca)，ナトリウム(Na)，カリウム(K)，マグネシウム(Mg)で，おもな造岩鉱物はこれらの元素か

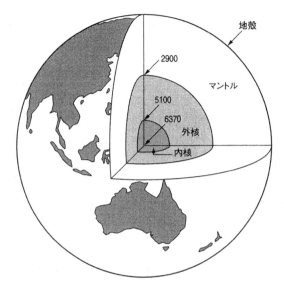

図2-1　地球の内部構造．地殻のうち，大陸地殻は花崗岩質で厚さ20-50 km，海洋地殻は玄武岩質で厚さ5-10 kmである．また，地殻とマントルの境界をモホロビチッチ(Mohorovicic)不連続面(モホ面)という．モホ面の深さは地形の高まっているところほど深く，全体として圧力の均衡が保たれている．この地殻の均衡をアイソスタシー(isostasy)という．図中の数値は地表からの深さ(km)を示す．

らつくられている．マントル(平均密度約 $3.3\ \text{g/cm}^3$)は熱境界(約1600℃)によって上部と下部に分かれ，ともにマグネシウムと鉄に富むカンラン岩からなる．核も熱境界(約6000℃)によって液体の外核(密度 $10\ \text{g/cm}^3$)と固体の内核(密度 $14\ \text{g/cm}^3$)に分かれ，ともにニッケル(Ni)と鉄から構成されていると推定されている(図2-1)．

このような地球の内部構造は，いつどのようにして形成されたのであろうか．層構造の形成については，これまでに2つの考え方がある．その1つは「最初，原始地球を形成する物質は均質で一様に集積したが，その後，内部に濃集した放射性元素の崩壊熱により，溶かされた鉄やニッケルなどの重い金属が中心部に沈んで核を形成し，軽いケイ酸塩(SiO_2)物質が表層部の地殻をつくった」というものである．もう1つの説は「地球が形成されたとき，最初に凝縮温度の高い鉄やニッケルなどが集積して核をつくり，その後，凝縮温度の低いケイ酸塩物質が集積して始源マントルを形成した」というものである．現在では前者の説が有力となっているが，いまだに議論がつきない．

2.3 大気・海洋・大陸の起源

(1) 原始大気

　地球形成初期の大気(第1次大気)は原始太陽系星雲のガスを保持し，宇宙の組成と同じく，水素(H_2)とヘリウム(He)であったと考えられている．しかし，これらの元素は質量の大きな惑星に引きつけられて，宇宙空間に離散してしまったと推定されている．

　このことから，地球の大気は原始太陽系星雲のガスを引き継いでいるのではなく，地球内部から放出された軽元素(炭素，水素，酸素，窒素)が結合して，アンモニア(NH_3)，メタン(CH_4)，水蒸気(H_2O)などの水素化合物からなる還元的な原始大気が形成されていったと考えられている．そして，これらの還元的なガスは太陽からの紫外線により分解され，解離された水素は大気圏外に離散し，しだいに水蒸気，二酸化炭素(CO_2)，窒素(N_2)，硫化水素(H_2S)などを主成分とする火山ガスの組成に近い酸性的な大気(第2次大気)に変化していったと考えられている．このとき酸素(O_2)はほかの元素と結びつき，遊離した状態では存在していなかった．

　現在の地球大気は窒素(N_2：78.084%)と酸素(O_2：20.946%)で99%を占め，残りの1%のまた99%をアルゴン(Ar：0.934%)と二酸化炭素(CO_2：0.033%)が占めている．アルゴンは，^{38}Ar (0.06%)と^{36}Ar (0.337%)は少なく，^{40}Ar (99.6%)がほとんどである．^{40}Arは岩石中の^{40}Kが壊変して生成され，その約70%は地球の初期に脱ガスされたものと考えられている．これらの現象は地球内部の成層構造の形成に付随して生じたと推測されている．

(2) 原始海洋

　微惑星の衝突が終息しはじめ，大気圧が200気圧，地表温度が650℃を切ったころから，大気中の水蒸気は液体に転じはじめた．水蒸気は上空で冷やされて雲となり，雨となって地上に降り注ぎ，いまとほぼ等しい量の海水をつくったと考えられている．このときの雨は300℃に近い高温であったと推測されている．グリーンランドのイスアでみつかった38億年前の岩石が水の作用でできた堆積岩であることから，海ができたのは少なくともそれよりも前(約40億年

前)であることは確かである．

この初期の海は 150℃ の高温で，しかも大気中の塩酸(HCl)ガスや亜硫酸(SO_2)ガスが大量に溶け込んだ強酸性であったと推定されている．現在，このような環境は陸上火山の高温の温泉や海底の熱水噴出孔でみることができる．高熱強酸または超高温高圧という過酷な環境でも，原始的な好熱細菌が生息していることが知られている．最初の生命はこのような環境のなかで硫化水素や二酸化

Box-3 海底熱水噴出孔

1979 年，アメリカの深海潜水艇アルビン号は，メキシコ沖の東太平洋海膨で水深 2600 m の海底に熱水鉱床を発見した．この噴出孔は海底の裂け目に浸み込んだ海水が海底下のマグマと接触し，鉄や銅，亜鉛などを溶かし込んだ硫化物が熱水(350℃)となって噴き上げているところである．その光景は海底に高さ 20 m ほどの煙突のような筒状の突起(チムニー)が立ち並び，その先端から熱水が黒煙(ブラックスモーカー)のように噴き出していた．筒状の突起は熱水中の硫化物が海水と接触して沈殿，堆積したものであった．

このような海底熱水噴出孔は世界各地で発見されている．そして，その周辺からは硫化水素などを酸化してエネルギーを得る独立栄養の化学合成細菌と，これらを栄養源とする従属栄養生物の群集が発見されている．これらの生物群集の特徴は，生物体内に化学合成細菌を共生させ，独立した食物連鎖系を形成して高密度に生息していることである．そこで発見されたチューブ・ワームとよばれる赤い管状の生物はゴカイに近い動物で，口も肛門も消化器官もなく，海水中の硫化水素を鰓で取り込み，体内に共生する硫黄細菌に供給して，その細菌がつくり出すエネルギーや栄養に依存している．

化学合成細菌は暗黒の深海で太陽エネルギーに依存せず，化学物質を餌として繁殖している．初期の生命体はこのような熱水域で独立栄養の化学合成生物として生まれたと考えられている．

日本近海でも，相模湾の初島沖や遠州灘，日本海溝などで，シロウリガイ類を優占種とする化学合成生物群集が知られている．これらの群集は，プレートの沈み込みにともなう冷湧水の上昇にともなって浸出したメタンを利用するメタン酸化細菌と，硫化水素を利用する硫黄酸化細菌に依存している．このような冷湧水のともなう化学合成生物のコロニー(colony)は，化石としても日本の各地でみつかっている．

炭素を取り込み，エネルギーに変えていたのではないかと考えられている．その後，長期にわたり地表からの流水によって陽イオンが運び込まれ，海水は徐々に中和されていったと推定されている．現在の海水と生物の体液や私たちの血液の組成がほぼ同じであることから，生命が誕生した早い時期に，海水はすでに現在のそれに近い化学組成（35‰の塩類を含む）であったと考えられる．

大気中の一酸化炭素は酸化されて二酸化炭素に変わったが，二酸化炭素はこの酸性の海に溶け込めず，窒素とともに大気中に残された．そのときの二酸化炭素は数十気圧で，現在の20万倍の量であったと推定されている．この強酸性の原始の海水は原始地殻を浸食し，ナトリウムやマグネシウム，カルシウム，カリウムなどを海水中に大量に溶かしはじめ，やがて酸性の海は中和されていった．このころから二酸化炭素はようやく海に溶け込みはじめた．その結果，大気中の二酸化炭素濃度は急激に下がり，温室効果は著しく低下して，地球はますます冷却していった．海水中の二酸化炭素はカルシウムと反応して，ごく短期間に炭酸カルシウム（$CaCO_3$）を海底に沈殿させた．

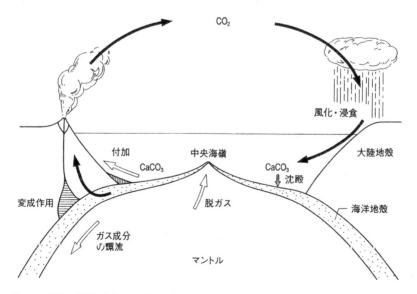

図2-2 炭素の循環概念図．二酸化炭素は炭酸として雨や地下水に溶け込んでケイ酸塩や炭酸塩を風化し，溶け出した炭酸水素イオンは河川を通じて海に流れ込み，海水中で炭酸塩鉱物を生成する．この炭酸塩は海底に沈殿し，プレート運動によって大陸の下に沈み込み，高温高圧下で変成して二酸化炭素に分解する．この二酸化炭素は火山活動で再び大気中に戻される．松井（2000）より．

このようにして，初期の大気中の大量の二酸化炭素は石灰岩のなかに固定されて，1気圧程度に減少した．そして，海水は，35億年前ごろには現在の海水の組成に近づいたと推定されている．このころに無機的化学反応でつくられた石灰岩は長い年月をかけて溶解し，そこに閉じ込められていた二酸化炭素は再び火山活動などを通じて大気中に戻されることになる．その後，再び生物体をとおして石灰岩中に固定されていった(図2-2)．

$1 m^3$の石灰岩を溶かすと$300 m^3$の二酸化炭素が発生するが，いま地球上に分布するすべての石灰岩を溶かしたとすると，初期の地球とほぼ等しい数十気圧の二酸化炭素量になるという．

(3) 大陸の形成

原始地殻は，地球誕生後の比較的早い時期に，マントル物質の溶融分化によって形成された．約40億年前に原始海洋ができると，地球の表層部は急速に冷却しはじめ，マントルの表層部も冷やされて，つぎつぎにプレートをつくっていった．地球内部の核の形成による熱でマントル内には対流が起こっていたが，

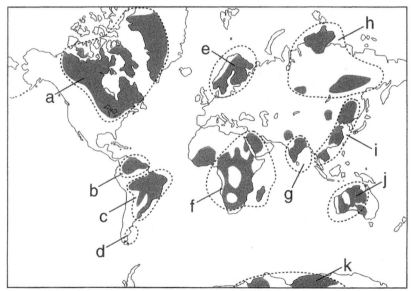

図2-3 楯状地の分布．主要な地域にはそれぞれ名称がつけられている．a : Canadian，b : Guiana，c : Amazonian，d : Platian，e : Baltic，f : Ethiopian，g : Indian，h : Angara，i : China-Korean，j : Australian，k : Antarctican．

このプレートを突き破って吹き出したマグマは玄武岩の地殻をつくり、その地殻は海水と反応して水分子を含む多種類の鉱物を生成していった。地殻を乗せたプレートは後から生まれたプレートに押されて移動し、古いプレートと衝突し、古いプレートは再びマントルに沈み込んで、溶かされた玄武岩は花崗岩をつくった。花崗岩は軽いので、沈み込まずに蓄積されて大陸として成長していった。このように、地球誕生のごく初期に、原始の大陸地殻が形成されたと考えられている。また、現在の地球のマントル全層にわたる対流がはじまったのは、地球がかなり冷えてきた19億年前ごろであるとされている。

現在の諸大陸の中核部には楯状地(shield)とよばれる平坦な台地が広く分布している。これらは全大陸表面積の約17%を占め、主として変成岩や花崗岩、片麻岩からなる(図2-3)。この楯状地は、その後の地殻変動において安定した地塊をなすことから、安定地塊(クラトン craton)とよばれている。鉄やマンガン、鉛、ニッケル、コバルト、金、白金、ウラン、ダイヤモンドなどの重要鉱物資源の大半は、これらの地層あるいは岩体から産出する。

3 地球の年齢

　地球の年齢は何歳なのか．これまでに多くの学者がさまざまな方法を駆使して計算を試みてきたが，放射性元素による年代測定法が確立されるまでは，どの方法も万人を納得させるものではなかった．「地球の年齢が約46億歳である」という数値は，1956年，アメリカのパターソン（Patterson, C.）によって，隕石中の鉛の同位体元素を用いて測定された「45.5億年」という年代測定値に基づいている．その後，1969年，アポロ11号がもち帰った月の石のもっとも古い放射年代値が，隕石の年代と同じ「46億年」であることが実証され，月と地球との類似から地球も隕石や月の誕生と同じであると考えられている．

　このように私たちが地球の年齢を具体的な数値で知ったのは，ごく最近の1950年代になってからのことである．「放射年代学」の発展によって，地球の歴史のなかで起こった具体的な事件や個々の現象に対して，絶対時間のスケールを与えることができるようになった．そして，これまでの「相対年代」に「絶対年代」を挿入することができるようになったのである．この地質学的時間尺度こそ，地球科学者が長い間求めていたものであった．

3.1 地球は何歳か

(1) 月・惑星・隕石の年齢

　地球上に落ちてくる隕石は，人類が採取した月の岩石とともに地球外の物質を直接手にして研究できる点で貴重な試料である．これらの試料の多くは 4.4×10^9-4.6×10^9 年という放射年代値を示している．

　地球が誕生して以来，これまでにおびただしい数の隕石が落下したと推定されるが，現在の地球上には，月の表面にみられるような鮮明なクレーターはほとんど残されていない．それは地球の表面は月と違って，風化作用が激しいためである．地球上のクレーターの痕跡は，これまでに人工衛星によって100個

ほどが確認されているにすぎない．比較的よく保存されているのは，アメリカ，アリゾナ州のバリンジャー隕石孔(直径 1.2 km，深さ 170 m)で，約 5 万年前に，直径 30 m，重さ 10 万 t と推定される鉄隕石(隕鉄)の衝突によって形成されたものである．地球上には毎年数個の隕石が落ちてくるが，それらのほとんどは認識されていない．南極大陸からはこれまでに氷河で集積された多数の隕石が発見され，それらの多くは昭和基地近くのヤマト山脈で日本人研究者によって採取されたものであり，「ヤマト隕石」と名づけられている．

　隕石の多くは原始太陽系が形成されたときにできた小惑星の破片や微惑星であり，その後，太陽系をさまよっているうちに，地球の引力にとらえられたものである．したがって，隕石は太陽系の形成に関する情報を保存する物質として注目される．

　隕石の種類は多種多様であるが，小惑星のどの部分(中心部，中間部，表層部)の破片かによって，鉄隕石，石鉄隕石，石質隕石の 3 種類に分類できる．鉄隕石(隕鉄)は鉄とニッケルを主成分とする合金からなる．石鉄隕石は鉄とニッケルの合金とカンラン石や輝石などのケイ酸塩鉱物がほぼ等量含まれている．また，石質隕石は地球の岩石と同じように，主としてケイ酸塩鉱物からなり，太陽系初期の星雲ガスが高温で凝縮してできたと考えられている直径数 mm のコンドリュール(chondrule)というケイ酸塩の球状粒子を含むコンドライト(chondrite)と，これを含まないエイコンドライト(achondrite)とがある．炭素質コンドライトは炭素や水などの揮発性物質を含み，初期太陽系星雲のガスと塵が低温で凝縮したと考えられている．

(2) 地球の年齢

　長寿命の放射性元素が崩壊する際に生み出される娘元素を厳密に分析できるようになったのは，高精度の質量分析器の発達と同位体希釈法が開発された 1950 年代になってからのことである．しかし，地球上で得られる岩石は火成作用や変成作用を受けているために，地球が誕生したときの初期の状態を保存していない．したがって，地球の年齢は地球物質からは知ることができないのである．

　そこで，同じ太陽系構成物質である地球と隕石は同じ時期に形成されたと考え，隕石の年齢をもって地球の年齢とする方法がとられている．もちろん，隕石の年齢は地球ができた時代を直接示すものではない．太陽系とその惑星の年

齢は,「隕石中の鉱物の同位体比は太陽系始源物質から生成されたときの比率と等しい」と仮定して,その試料の相対値を測定することによって得られた値が45億6000万年(±4000万年)であった.

放射年代測定法によって地球の年齢が測定されるまで,地質学者はさまざまな方法で地球の年齢を算定しようと試み,数千万年から10億年という年代値を算出した.たとえば,地球上に堆積したすべての地層の厚さを算出し,平均的な堆積速度を求めて,それらの地層が堆積するのに要した時間を地球の年齢としたり,海水の塩分は徐々に増加していったと仮定して,河川水から海洋中に溶け込む全塩類の量を見積もって2億年以下という数値を出したりした.また,熱力学の権威,ケルビン卿(Kelvin, W. T.)は地球が熱伝導によって冷却固化したと仮定して,球の冷却という物理学的モデルから計算して「地球の年齢はたかだか1億年以下である」と結論した.このようにして多くの学者が一生涯をかけて算出した地球の年齢は,現在,私たちが確認できる年齢よりもはるかに若いものであった(図3-1).

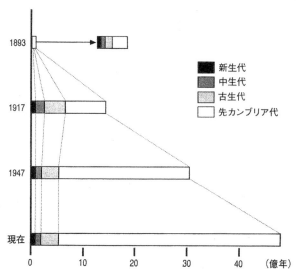

図3-1 各時代に算定された地球の年齢. 1893年はウォルコット(Wolcott, C.D.), 1917年はバーレル(Barrell, A.J.), 1947年はホームズ(Holmes, A.)により採用された地質年代を示す. 顕生代の時間間隔についてはいまから100年前の相対年代でもほぼ正しく算定されていたが,陰生代(先カンブリア時代)についてはまったく算定できなかった.

(3) 最古の岩石とその年代

　地球上の物質はすべて地球が誕生したときの物質からできているはずであるが，岩石の年齢は溶けた状態から固体になった時点をさすので，地球が誕生して地表が溶けていた冥王代の約6億年の間は，ほとんど記録が残されていないとみてよい．これまでに知られているもっとも古い岩石の年代値としては，西オーストラリアのイルガ，ナリアー山の片麻岩中の砕屑性ジルコンが示す鉛の同位体年代(41億8000万年前)があるが，これは例外的といってもよい．私たちが手にすることのできる地球上でもっとも古い岩石はカナダ北西部のアカスタ片麻岩で，39億6200万年前とされている．この地球最古の岩石は花崗岩質であり，このころに大陸地殻が形成されていたことを物語っている．このような初期の地球の大陸地殻は世界各地に盾状地として残されている．また，グリーンランド南西岸のイスア地域では，原岩の構造を残したチャート(chert)や縞状鉄鉱層，砂岩，泥岩，礫岩などの堆積岩が玄武岩質の枕状溶岩や花崗岩質の片麻岩類とともに露出し，これらの放射年代は38-36億年前を示している．そして，この年代はすでに誕生していた海洋の年齢をも示しているといえる．

3.2 放射年代の測定

(1) 放射時計

　地質年代を測る「時計」の研究は，1896年にフランスのベクレル(Becquerel, H.)による自然放射能の発見と，1898年にキュリー夫妻(Curie, M. & Curie, P.)による放射性元素ラジウムの発見が端緒となった．そして，1906年にラザフォード(Rutherford, E.)によって放射性元素の自然崩壊が発見され，その半減期を利用して，はじめて岩石などの年齢を測定することが可能であるとされた．これが放射年代測定のはじまりであった．地層や岩石に保存された放射性元素の崩壊した結果を測定することによって，それらの地層や岩石ができた年代を「いまから何年前」という具体的な数値で示すことが可能になったのである．この方法を放射年代測定法といい，「放射時計」を用いることによって地球が形成されて以来の地質年代が数値で求められている．

岩石をつくる鉱物中には微量の放射性同位体元素が含まれているが，この放射性同位体（親元素）は，α線（ヘリウムの原子核），β線（電子），γ線（電磁波）などの放射線を出して別の新しい安定な同位体元素（娘元素）に一定の速さで変換していく．これを放射性崩壊または放射性壊変という．そして，はじめに存在した放射性同位体（親元素）が崩壊して，原子数が半分に減少するまでの時間を「半減期」とよんでいる．この半減期は親元素の種類によって異なるが，温度や圧力などの物理条件や化学的な環境条件には左右されず，つねに一定である．たとえば，ウラン238（^{238}U）は崩壊して鉛206（^{206}Pb）に変わる．その半減期は44億7000万年であり，この値はいかなる条件下でも変わることはない．したがって，この半減期と親元素と娘元素の存在量を測定することによって，その放射性同位体元素を含む鉱物が生成された年代を計算することができる．すなわち，ある一定量の岩石中に含まれる親元素の数は，崩壊によって時間とともに指数関数的に減少する．親元素が崩壊していく割合は元素ごとに異なり，崩壊定数（λ）で表現され，半減期（$T_{1/2}$）との間にはつぎのような関係がある．

表 3-1 放射年代測定法（その適用年代と測定試料）．兼岡(1998)より改変．

方法	年代 (10^4 10^5 10^6 10^7 10^8 10^9 年)	岩石							その他	
		火山岩類			深成岩 花崗岩類	変成岩		堆積岩	海底堆積物	生物遺骸
		玄武岩など	火山ガラス	凝灰岩		片岩など	片麻岩			
K-Ar	--------→	◎	○	○		△				
^{40}Ar-^{39}Ar	-------→	◎	○	○		○				
Rb-Sr	------→				◎	◎	△			
U-Th-Pb, Pb-Pb	-----→				◎	◎	△			
Sm-Nd	---→				(○)	○				
^{14}C										◎
Io, ^{231}Pa-Io, ^{238}U-^{234}U	｜-----								◎	
フィッション・トラック	----→	◎								
注	○各方法では，それぞれの年代に適した試料を用いるとする．○破線で示した範囲は，信頼性がやや低いか，特別の注意と労力を必要とする．	◎もっともよく用いられる．○よく用いられる．△得られた年代の信頼性がほかよりやや落ちる．								

$$T_{1/2} = \ln 2/\lambda = 0.693/\lambda \quad (\ln \text{は自然対数}) \tag{1}$$

一方，最初は0であった娘元素の数が時間とともに増加していく場合，一定時間後の娘元素の数は，最初の親元素の数から一定時間後の親元素の数を差し引いた数に一致する．

最終的には，

$$t = 1/\lambda \ \ln(1 + D/P) \tag{2}$$

と書ける．T を現在の時刻と考えると，現在の娘元素の数 (D) と現在の親元素の数 (P) はそれぞれ一定量の岩石中に現在含まれている娘元素と親元素の数になるので，それぞれの数を測定することによって，(2)の式から年代 (t) を計算することができる．この式は，岩石が固まったときに娘元素はなかったと仮定しており，もっとも簡単な放射年代測定の原理である．放射性カリウムが崩壊してアルゴンガスをつくることを利用して測定するカリウム・アルゴン法のような場合に成り立つ式である．

マグマからつくられた火成岩の場合は，造岩鉱物が結晶してから放射時計が

鉱物													隕石
雲母			長石		輝石		ジルコン	リン灰石	チタン石	モナズ石	ウラン鉱物	イライト	
白雲母	黒雲母	海緑石	カリ長石	斜長石	普通角閃石								
◎	◎	○	◎*	○	△	○						△	△
◎	◎		◎*	○	△	○							◎
○	○	○	◎	○								△	◎
						◎	◎	○	○	○			
										◎			
○	◎		○		△	○	◎	◎	○	○			○

*サニディンを使用．
（　）は今後用いられる可能性のあるもの．

動きはじめるので，鉱物が結晶したときからの年代を示す．また，変成岩では再結晶したときからの年代を示す．堆積岩に対しては，堆積後に結晶した鉱物がないかぎり，この方法は使えない．そこで，堆積層にはさまれる火山灰や堆積層を覆う溶岩などを用いて，それらの堆積年代を推定している．

このような放射年代測定に用いられる放射性元素は，半減期が 10^{10} 年以下のものが選ばれる．その理由の1つは，親元素の半減期が岩石の年代に比べて長すぎると，崩壊によって蓄積される娘元素の数が少なく，その定量が困難になるからである．一方，半減期が 10^7 年以下の親元素は地球の初期の岩石中にはほとんど残っていないので，けっきょく 10^8–10^{10} 年の元素が親元素として選ばれる．

(2) 放射年代測定法

地球史の年代測定には，つぎのような親核種と娘核種の組み合わせの方法がよく用いられる(表3-1)．

ウラン・トリウム・鉛(U-Th-Pb)法　^{238}U，^{235}U，^{232}Th はそれぞれ半減期 4.47×10^9 年，7.04×10^8 年，1.40×10^{10} 年で α 崩壊し，^{206}Pb，^{207}Pb，^{208}Pb に壊変する．これらの親元素と娘元素の存在量を用いて年代を算定する．

カリウム・アルゴン(K-Ar)法　Ar は気体なので，高温状態における岩石中の存在量は0である．しかし，岩石が冷えて固まると，^{40}K から壊変してできた ^{40}Ar が岩石中に蓄積される．したがって，^{40}K と ^{40}Ar の量を測定すれば，岩石が冷却してからの年代が求められる．K は多くの造岩鉱物中に主要元素として含まれているので，適用範囲は広い．

ルビジウム・ストロンチウム(Rb-Sr)法　自然界の Rb は安定な ^{86}Rb (72.2%) と放射性の ^{87}Rb (27.8%) とからなり，^{87}Rb は 4.88×10^{10} 年(半減期)で ^{87}Sr に壊変する．そこで，安定同位体 ^{86}Sr に対する ^{87}Sr と ^{87}Rb の同位体比を測定することによって年代が算出される．

炭素14(^{14}C)法　天然に存在する3種の炭素同位体のうち2種の元素(^{12}C と ^{13}C)は安定であるが，もう1つの放射性炭素(^{14}C)は地球の大気中で宇宙線によって窒素(^{14}N)から生成される．このことは，1946年にリビー(Libby, W. F.)によって明らかにされた．生物が大気中の ^{14}C を取り込んで成長し，その生物が死ぬと，^{14}C は時間の経過とともに崩壊して半減期 5.7×10^3 年で ^{14}N に変換していく．この割合から，生物体が死んでから現在までにどれくらいの時間が経過したのかを計

算することができる．しかし，生物が炭素を取り込むときに，その環境における放射性炭素(^{14}C)の割合はどこでも一定とはかぎらない．たとえば，南極では氷のなかに古い炭素が含まれていたり，海水中に古い炭素が含まれていたりして，放射性炭素の割合を薄めている．したがって，南極の堆積物や生物遺骸の放射性炭素による年代値は実際よりも1000年以上も古い値を示してしまう．また，上層大気中での放射性炭素の生産量は，地球に入射する宇宙線量に比例する．宇宙線量は地球の磁場強度に比例して変化することから，地球磁場の強度変化にともなって放射性炭素量も変化している．したがって，実際にはこれらの変動を補正したうえで，放射性炭素を用いた年代測定が行われている．また，最近の研究では過去4万年間に大気中の^{14}C濃度が30％以上も変動していることがわかり，これまでに測定された値は若い値になる傾向にあり，さらに補正を加える必要が出てきた．

　このほかに，ウランなどを含む鉱物では，放射線による結晶格子の損傷量から年代を測定するフィッション・トラック(FT)法，熱ルミネッセンス(TL)法，電子スピン共鳴(ESR)法などが用いられている．

4 地球史を記録する地層

　野外を歩いてみると，海岸の崖や川の渓谷，道路の切り通しなどに泥や砂からなる岩肌がむき出しになっているところがある．ここは岩石や地層が地表に露出しているところで，このようなところを「露頭」という．ある露頭では，遠くからみても水平な線や傾斜した線がいくつもみえることがある．近寄ってみると，これらの線はそれぞれ砂や泥などの砕屑物粒子からできている地層の境界部にあたることがわかる．この線のことを「層理」とよんでいる．この線の部分をハンマーでたたいてみると，線を境に岩石や地層の一部が割れて，面が現れる．このように露頭にある線は，実際には面状に広がった地層の境界面が露頭で線としてみえているのである．この面のことを「層理面」（地層面）とよんでいる．そして，層理面と層理面とではさまれた板状のものが「地層」なのである．地層は，水や風で運ばれた礫や砂，泥などの砕屑物粒子や火山から噴出した砕屑物が集合して固まったもので構成されている．それでは，地層はどのような場所でどのようにしてつくられるのであろうか．

4.1 地層の形成

(1) 砕屑物粒子の形成

　河原や海岸に行くと礫や砂が目につく．ここではさまざまな地層の形成過程を観察することができる．これらの礫や砂は，山や丘陵地をつくっている岩石や固結した地層が壊れて小さくなったものである．岩石や固結した地層が水や風などの自然の営力で壊れていくことを「風化」という．風化はおもに陸上で起こる．陸上は地球の重力による位置エネルギーが大きく，つねに平坦になろうとする力が働いているからである．海底でも風化は起こっているが，陸上ほど顕著ではない．

　陸上での岩石の壊れ方には物理的風化と化学的風化とがある．前者の場合は

岩石どうしがぶつかり合ったり，岩石の割れ目に浸み込んだ水分が凍って膨張することによって起こる．また，後者は石灰岩が酸性の雨水によって溶解するような場合である．物理的風化も化学的風化も同じように岩石に作用するが，どちらが卓越するかは地球上の気候条件によって異なる．砂漠地帯では日中，太陽に熱せられて膨張した岩石の表面が夜間になると冷やされて収縮する．このような膨張・収縮が繰り返されると，岩石を構成している鉱物粒子ごとの膨張率の違いにより，岩の表面が破壊される．また寒冷地では日中，岩石に浸み込んだ水が夜間に凍結して膨張し，岩石にある隙間を押し広げて破壊する．このように，砂漠や寒冷地では物理的な風化が卓越して進行する．一方，熱帯雨林では湿度が高く高温であるため，岩石の表面での化学的な溶解が進む．中緯度の温帯では，両方の作用によって岩石が破壊される．たとえば，岩石の割れ目(節理)に水が浸み込んで化学的な変質を起こし，岩石どうしの結合力が弱くなって，いくつかのブロックに崩壊するような場合である．このような複合的な風化によって，岩石の「風化作用」はさらに進行していく．

(2) 砕屑物粒子の浸食・運搬・堆積

破壊された岩石は雨水などによって削られ，運搬される．中緯度や低緯度地域では河川などを流れる流水が岩石を削って運搬し，寒冷地では氷河のゆっくりとした流れが岩肌から直接岩石を削り取る．削り取られた砕屑物粒子は，粒子の大きさによって浮遊・転動などそれぞれ異なった方式で運搬されるが，大きい粒子は運搬されない．砕屑物粒子の浸食・運搬・堆積は粒子の大きさと水の流れの速さとが関係している(図4-1)．

さまざまな砕屑物の粒子をいろいろな速度の水流条件下においたとき，粒子はどのような振る舞いをするのであろうか．直径数mm以上の大きな粒子は速い流速でないと動き出さないが，小さな粒子はわずかな流れでも動かされる．それでは水中を浮遊・運搬されている粒子は，どれくらいの水流の速さになると沈殿するのであろうか．速い流れのなかに浮遊して動いていた砕屑物の粒子は，流速が遅くなってくると粒径の大きな粒子のほうから沈殿する．しかし，水は流れているから，たとえば流れが遅くなって砂が沈積するようになっても，より細かい泥の粒子はそこには沈積しないで運ばれていく．すなわち，砂と泥のように，大きさの異なった粒子はそれぞれ違った場所に堆積する．この流れ

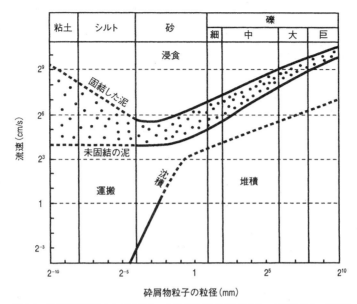

図 4-1　砕屑物粒子の水中での挙動．このグラフは粒径のそろった淘汰のよい砕屑物のみに適用できる．Sundborg(1956)より作成．

の速さと粒子の運搬との関係は，堆積している粒子が再び動き出すときにも同じようにみられる．ただし，粒径がシルト(1/16–1/256 mm)以下の非常に小さい砕屑物粒子の場合は，ひとたび堆積してしまうと粒子どうしがくっつき合ってしまい，再び動き出すためには，大きな砂粒を移動させるような流れの速さが必要になる．このように粒子の運ばれ方は粒径ごとに異なり，水流の速さは時と場所によっても変化するので，異なった粒径の地層が積み重なるようになる．

(3) 堆積物から堆積岩へ

　砕屑物粒子は水，氷(氷河)，風によって堆積する場所まで運搬される．そのうち，河川によって運搬される量が 80% 以上を占める．河川が海まで運んできた砂や泥の粒子のうち，砂粒は波浪や潮汐によって水が絶えず動いている浅い海底に堆積する．そして，泥の粒子は沈積する水流の速度が遅いので，なかなか堆積せずに海の沖合まで運ばれて，大陸棚や大陸斜面などの波や風の影響が少ない，比較的深い海底にゆっくりと堆積する．しかし，水流によって陸から海に流れ出た泥の粒子は，そのほとんどが陸から数百 km 以内に堆積する．した

がって，泥の粒子は陸からはるか遠く離れた海洋底には堆積しない．そこには海洋の表層に生息するプランクトンの骨格か，風で運搬された極微細な砕屑物粒子だけが堆積する．

　海底に堆積した泥や砂は，海底表面では水分を90-95%くらい含んでいて軟らかい．とくに粘土の粒子はトランプのカードのように板状のかたちをしている．堆積したての泥の層では，粘土の粒子がカードを交互に組み合わせて立てたように立体的に組み合っており，水はカードとカードとの間の隙間を充填している．しかし，その上につぎつぎと砕屑物が堆積してくると，堆積物の重みで水が絞り出されて，砕屑物の粒子どうしがくっつき合う．つまり，カードが平らに押しつぶされて隙間がなくなっていき，ついには粒子と粒子とが密着する．そして，粒子の間に炭酸カルシウム($CaCO_3$)や二酸化ケイ素(SiO_2)が沈殿して粒子どうしを結びつけるようになる．炭酸カルシウムや二酸化ケイ素は，有孔虫や放散虫などの殻や岩石・鉱物が溶解したものである．軟らかい泥岩が固結すると頁岩や粘板岩に変化する．このようにして砕屑物が堆積してから固い岩石になるまでの過程を「続成作用」という．

　海底や湖底，河口域に運ばれた砕屑物は堆積岩(砕屑岩ともいう)となり，それらを構成する岩片や鉱物粒などの粒子の大きさによって，泥岩，砂岩，礫岩などに区分される(表4-1)．泥岩のうち，粒子の粗いほうをシルト岩，細かいほうを粘土岩とよんで区別することがある．生物の遺骸が集積してできた堆積岩

表4-1　砕屑物粒子と堆積岩の分類．礫(2 mm 以上)，砂(2-1/16 mm)，泥(1/16 mm 以下)．

粒径		粒子(砕屑物)		集合体(岩石)		
mm	ϕ					
256 —	−8	礫(れき)	巨礫	礫岩		
64 —	−6		大礫			
4 —	−2		中礫			
2 —	−1		細礫			
1 —	0	砂	極粗粒	砂岩		
1/2 —	1		粗粒			
1/4 —	2		中粒			
1/8 —	3		細粒			
1/16 —	4		微粒			
		シルト	泥	シルト岩	泥岩	頁岩
1/256 —	8	粘土		粘土岩		

を「生物岩」といい，水中に溶けていた物質が化学的に沈殿してできた堆積岩を「化学岩」という．多くの石灰岩はサンゴや貝などの石灰質の殻や骨格をもった生物の遺骸からなり，苦灰岩は海水中の炭酸カルシウムや炭酸マグネシウムの沈殿によってできたものである．また，チャートのなかにはケイ酸質の殻をもったケイ藻や放散虫が集積してできたものがある．さらに，火山噴火によって放出された物質からなるものを「火山砕屑岩」（または火砕岩）といい，そのうち火山灰からなるものを凝灰岩とよんでいる．そして，乾燥地の内陸湖などで，岩塩や石膏などの成分を含んだ水が蒸発・析出してできる堆積岩を「蒸発岩」とよんでいる．

4.2 地層の生成環境を読み取る

(1) 堆積環境と地層

　地層は地球上のさまざまな場所で形成されている．地層ができるおもな場所は，海や湖のような水がたまるところである．また，風によって運ばれた細かい砂やシルトは森林や草原，そして砂漠などの陸上を覆う．地層のうち陸上に堆積したものを陸成層といい，海に堆積したものを海成層という．

　地層は形成される場所によって異なった特徴を示す．たとえば，陸上と水中とでは空気と水の物理化学的な性質に違いがある．とくに大きな違いは，空気のほうが水よりも密度が小さく，また比熱も小さいことである．したがって，陸上のほうが太陽エネルギーを伝達しやすく，熱せられやすく冷やされやすい．そのため陸上の温度は，熱いところと寒いところとでは100℃以上の開きがある．また，陸上でのエネルギー伝達の方法として，強い風が吹くことがあげられる．一方，海は比熱が大きいので，熱しにくく冷めにくい．したがって，温度幅は0-30℃くらいに収まっている．海流によるエネルギー伝達もゆっくりしている．このようなコントラストがはっきりした環境のもとに形成される地層は当然，異なった特徴を示す．たとえば，陸上で堆積した地層は堆積物が大気中の酸素に触れている時間が長いので，赤色砂岩のように，鉄分が酸化されて赤い色をしていることがある．一方，水中で堆積した地層は酸素が供給されにくいために，青緑ないしは灰緑色をした還元層が多い．

地層の特徴は地球上にある気候区分と対応している．低緯度熱帯域の陸上にはラテライト質の土壌が形成され，海中にはサンゴや石灰藻，有孔虫などの殻からできた石灰質の堆積物が堆積する．中緯度温帯域には砕屑物の地層が普通に分布する．極地域は，氷河によって削られた砂や角礫などから構成される氷漂石堆積物が卓越する．さらに，特定の堆積環境には特定の重なり方や広がりをもった地層の集まりができる．これを「堆積相」といい，堆積相からも，それらの地層群ができたときの堆積環境を推定することができる．たとえば，河口域の三角州には三角州独特の堆積相が形成される．

露頭で地層をみると，礫や砂，泥などのさまざまな岩相が重なっていることがある．この岩相の違いは，時間の経過とともに堆積環境が変化していった様子を示している．垂直方向に変化する岩相は，水平方向(同一時間面)に広がる異なった堆積環境が時間とともに推移していったために，それらの異なった環境が垂直に積み重なっているのだと解釈される．この考え方は1894年にドイツのワルター(Walther, J.)によって提唱され，「ワルターの法則」とよばれている(図4-2)．

(2) 地層にはなにが残されているのか

地層を構成する砕屑物粒子の配列や組成には，その地層ができたときの流体力学的な環境要因が記録される．また，地層にはそれが形成されたときに生息していた生物が化石として残され，それらの生物の生息環境から地層がどのような場で形成されたかを推定することができる．つまり，地層は過去の地球の歴史が詰まった古文書のようなものである．地層中に残された過去の記録を読むことによって，地球と生命の歴史を明らかにすることができる．

地層の形成は，泥や砂などの砕屑物が水流によって運搬されることからはじまる．堆積物を構成する砕屑物粒子の種類とその粒径分布は，水流の速度によって異なる．したがって，堆積物の粒子組成を調べれば，泥や砂が運搬され堆積したときの流水条件を知ることができる．また，地層が堆積するときには砕屑物粒子が移動しながら堆積するので，堆積するときの水域環境(堆積環境)に応じた粒子配列や堆積形態が形成され，それらが地層の断面や層理面に残される．それらの典型的な例は「級化層理」といって，「1枚の地層のなかで最下部の粒子がもっとも粗く，上部に向かうほど細かな粒子になる」というような粒

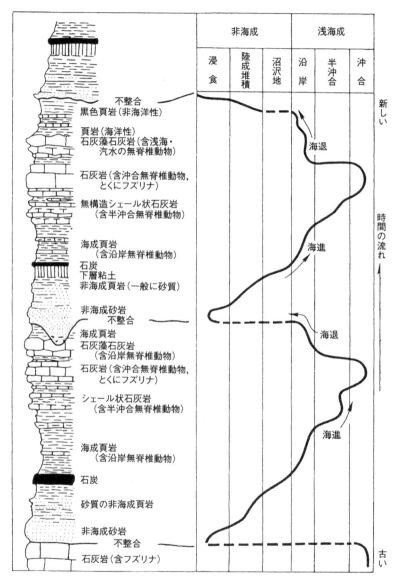

図4-2 ワルターの法則を示す地層の概念図．アメリカ，カンサス州の石炭紀の地層にみられる海成層と非海成層の周期的な変化は海進と海退を示している．また，垂直に重なる反復性堆積サイクル(サイクロセム)層序の各岩相は水平的な環境の遷移によってできたことを示している．Crowell(1978)より．

径分布を示す地層である．この現象は，水中に泥や砂が同時に供給されると粗い粒子が先に沈殿し，細かな粒子が後から沈殿することによって起こる．また，「斜交層理」(クロス・ラミナ cross lamina) は海底を水平方向に運搬されてきた堆積物粒子が傾斜をもった堆積面をつくりながら堆積し，その堆積面の成長方向がときどき大きく変化するために，地層が切り合うように斜めに重なり合うことによって形成される．また，堆積面上に形成される「漣痕」(リップル・マーク ripple mark) は，水底の水の動きを示したものである．このような環境ごとに特徴のある地層の形態や構造に基づいて地層の上下関係を判定したり，地層ができたときの流体力学的な条件を復元することができる．

深海底の堆積物を柱状に採集すると，ほとんどは泥の層であるが，ところどころに砂の層をはさむことがある．これは，浅いところに堆積した砂が地震や嵐などによって流動化し，海底斜面を流れ下るときに，途中の堆積物を巻き込みながら高密度の流れとなって形成したものである．これを「混濁流」(乱泥流)とよんでいる．このような現象が小規模に何度も生じると砂泥互層が形成され，

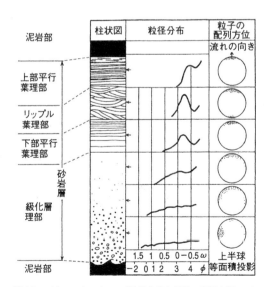

図4-3 バウマ・シーケンス(粒径変化と粒子の配列方位)．カリフォルニア，ベンチュラ盆地における鮮新世の砂泥互層中のタービダイト砂岩層．リップル葉理は小規模な斜交葉理でリップル・マークの断面を示す($\omega = \log_{10}V$, V は沈降速度 cm/s, ϕ は粒子のスケールを示す)．杉村ほか(1988)より．

また大規模な「混濁流堆積物」(タービダイト turbidite)は,しばしば下位の地層を削りながら堆積することがある.級化層理を示す砂層からはじまるこの特有な堆積構造は,1978年にこれをみつけたオランダの堆積学者バウマ(Bouma, A. H.)にちなんで,バウマ・シーケンス(Bouma sequence)とよんでいる(図4-3).

(3) 古環境解析

さまざまな環境条件下で形成された地層は,それぞれ特徴をもっている.その岩相上の特徴から,地層が形成されたときの堆積環境を推定することができる.また,岩相だけでなく地層に含まれている化石や有機物,そしてそれらの微量元素組成や同位体比などからも過去の環境を復元することができる.このように,堆積物中に残されたさまざまな痕跡情報や化石に基づいて過去の環境を復元することを「古環境解析」という.現在,古環境解析に使われている指標の多くは化石として残った生物種,あるいはその殻の構造や化学的な成分・組成が用いられている.堆積物中に残った生物源有機物質(化学化石)を生物指標化合物(バイオマーカー biomarker)として利用している.地層や化石などを環境指標として利用するためには,地層の生成条件や化石となった生物の生理・生態がわかっていることが必要である.この手法は,現在の地球に生存する生物種あるいは生物群集とまわりの環境との相関関係を,過去の地球の環境と生物の相関関係に置き換えて適用していく「斉一観」に基づいている.

具体的な例で説明すると,標高1000mの山地に露出する泥岩層から海生の貝類化石が産出したとしよう.このことから,まずこの地層が海で形成されたことがわかる.そして,その貝類が大陸斜面の上部300m付近に生息する種類であったとしたら,この地層が水深300m付近で形成されたことがわかる.さらに,この地層がおよそ100万年前に堆積したことがはさまれている火山灰層からわかったとすると,この貝を含む海成層は100万年間で1300m隆起して,現在は1000mの標高のところにまでもち上げられたということがわかる.このようにして,地層中に残されたありとあらゆる環境や形成年代を示す情報を用いて,過去の地層の形成環境や年代を復元することができる.たとえば,海でできた地層ならば,地層が堆積したときの海底地形や水深,地層が堆積したときに存在していた海洋の水温,塩分,溶存酸素量などの海洋環境,さらにその地層が形成された地質時代などを復元することができるのである.

5 生命を記録する化石

　地球に生命が誕生し，今日まで進化してきた生物の歴史は，化石の記録に基づいて解明される．化石は過去の生物のさまざまなドラマを物語り，それらを直接観察することができるという点で，生物の進化の解明に不可欠な存在でもある．もし化石記録がなかったならば，私たちは過去の生物のことをなにも知らず，生物進化を認識していなかったかもしれない．

　化石とは文字どおり，過去の生物の一部が地層中に残されて石化したものをさす．通常は殻や骨などの硬い組織で，死後に分解されやすい皮膚のような軟らかい組織が化石として残る可能性は非常に低い．しかし，死後急速に砂や泥に埋没されたときは，生物体の表面形態や模様が砂層や泥層の表面に印象として刻印されることがあり，やがて砂や泥が石化して砂岩や泥岩となったとき，形成された地層の表面に生物体の印象が残される．

　化石の研究は，過去の生物とその「生きかた」を復元することからはじまる．その手段としては，化石を含む地層や類似する現生生物から得られるさまざまな情報や幅広い知見を駆使して過去の生命活動を描き出し，生物進化の過程や機構を明らかにすることである．

5.1 化石とは

(1) 化石の定義

　化石は生物が過去に生存したことの証である．普通，骨格や貝殻などの生物体の硬組織が石化して保存されることが多い．しかし，過去の生物が石化したものだけをさして化石というわけではない．過去の生物が残したすべての痕跡を化石とよんでいる．この定義にしたがえば，いま死んだばかりの生物の死骸も化石の一員であるといえなくもないが，一般には1万年以上前(完新世)の生物の遺物を化石とよぶことが多い．とはいうものの，いつよりも前というよう

に明確な時代が決まっているわけではない．また，産出する様態についても化石という言葉の意味とは違って，軟らかい組織がほとんどそのまま保存されたシベリアの氷漬けのマンモスや，生物本体は失われているが海底を這ったゴカイの足跡やシャコが掘った巣穴など，さらには生物活動によって生成されたアミノ酸などの化学物質も化石の仲間に入れられる．

化石の種類は，生物体そのものが一部でも保存されたものを「体化石」といい，生物の体の形状が押印した指紋のように地層中に鋳型として残されたものを「印象化石」という．さらに，生物が活動した痕跡（足跡や巣穴など）が地層中に残されたものを「生痕化石」という．石炭や石油もまた，生物が地層中に残した有機物をもとに長い年月をかけて生成されたものであり，これらを化石燃料とよぶのはこのためである．石灰岩やチャートのなかには生物遺骸が集積して生成されたものもあり，これらの岩石や地層も化石そのものである．また，堆積物中に保存されている有機物を「化学化石」とよぶことがある．このように，地球上に生物が現れて以来，火成岩や蒸発岩などを除けば，生物とはまったく無関係に生成した地層を探すのはむずかしいほどである．最近では化石からDNAも抽出できるようになり，古生化学や分子古生物学の研究がさかんになっている．

このほかに，消化を助けるために恐竜が飲み込んだ胃石や，魚竜の排泄物である糞石（コプロライト coprolite）や泥食者（堆積物摂取動物）であるゴカイなどの糞粒（ペレット pellet），最良の肥料となっている海鳥の糞が変質したリン鉱石（グアノ guano），恐竜の卵の化石などがある．ただし，波の化石（漣痕）や雨だれの化石（雨痕）などのように，生物が関与しない自然現象の痕跡を化石とよぶことがあるが，これらは比喩的な用法で正しい用い方ではない．

(2) 生きた化石

現在の地球上に繁栄している生物群は，そのほとんどが新生代の新第三紀になって出現してきた新しい生物のグループである．しかし，なかには古い地質時代に栄えた生物が現在，ほそぼそと生き残っていることもある．このように，現生する近縁の仲間は少ないが，化石ではよく知られている，あるいは長い時代を経てもあまり形態的に変化していないなど，祖先の特徴を保ち続け現在も生存している生物を総称して「生きた化石」（生きている化石）という．

生きた化石は，原始的な体制を現在でも保持しているという点で，地質時代の古生物を理解するうえで重要な生物である．しかしながら，生きた化石という用語は必ずしも化石記録をもたない生物にも与えられている．化石記録はないが，その体制から推定される系統上の祖先に類似するような場合や，第四紀の氷河の後退にともなって高地に取り残されたナキウサギやライチョウのような遺存種に対しても用いられる．それらは，過去の繁栄時に比べて個体数が激減したもの(アメリカヤギュウ)，分布域が縮小したもの(イチョウやメタセコイア)，その体制や形態がほとんど変化しないもの(シャミセンガイやオウムガイ，カブトガニ，シーラカンス)，類縁種が激減したもの(ゾウ)，過去の適応形質を新しい環境でも残しているもの(バイカルアザラシやオオサンショウウオ)，生物系統的に原始的であるもの(ソテツやカモノハシ)などがあげられる．1938年に南アフリカ東部のモザンビーク沖合で発見されたシーラカンス(Coelacanth)は，胸鰭の基部の骨格が両生類の祖先に近い特徴をもち，デボン紀に現れて白亜紀に絶滅したと考えられていた総鰭類であった．これまでに約200個体が捕獲されている．また，新第三紀層から多数の化石が発見されている球果類のメタセコイア(アケボノスギ *Metasequoia*)は，1941年に三木茂によって命名された化石種であったが，1945年に中国四川省で生木が発見され，いまでは各地に広く植栽されている．暖帯種であったメタセコイアは，新第三紀には日本列島のほぼ全域に広く繁茂していたが，第四紀の氷期とともにその姿を消している．

5.2 化石はどのようにして保存されるか

(1) 化石化作用

　生物の死は生命が失われたときであり，それまで活動していたすべての生理機能が停止したときでもある．生物が死を迎えると，ただちにほかの生物が群がり，その生物体の分解が開始される．分解された最終物質は一次生産者によって消費され，順次，食物連鎖のなかに組み込まれる．このように死んだ生物はすべて分解され，新たな生命のための糧となる役割を担っている．この分解過程は生物の軟組織だけではなく，程度の差はあるが硬組織にもおよぼされる．たとえば，貝やサンゴなどの硬組織は生物によって分解されないようにみえる

が，じつはこの硬い殻に穴を開け，そこをすみかとする多毛類や海綿類などもいて，硬組織は急速に脆弱化され，破壊されていく(生物的破壊)．また，生物の硬組織は水中や地中で化学的物質によって溶かされたり(化学的破壊)，水流などで流され，物理的に割れたり，摩耗したりする(機械的破壊)．もしも硬組織がこのようにして破壊されないとしたら，海底は貝殻やサンゴの遺体で埋めつくされ，地上は動物の骨に覆われてしまうだろう．したがって，過去に生存していた生物個体のほとんどは，死後にその存在を跡形もなく消失してしまうのである．

体化石は，生物の遺骸が地層中に保存されたものをさすのであるから，その化石の存在は生物体の分解や破壊作用から免れた結果を意味し，きわめてまれな現象といわざるをえない．したがって，地層中から発見される化石が，もとの生物体の一部であったり，変形していたり，変質しているのは当然のことであり，保存されただけでも幸運といえるのである．

過去に生存していたすべての生物のうち，分解や破壊作用を免れた一部が化石として地層中に保存され，さらにそれらの一部分が発見されるのであるから，発見された化石は全生物量のごくわずかなものを示しているにすぎない．このようななかで，大型生物の軟組織の形状がきわめてよく保存された例として，オーストラリアで発見された先カンブリア代末期のエディアカラ生物群やカナダのカンブリア紀初期のバージェス動物群などがあげられるが，これらの化石群はきわめて例外的な状況で化石化されたといえる．すなわち，エディアカラ生物群の場合は，その当時，そこにはまだ死体を食べる腐肉食動物や死体を分解する微生物が存在していなかったと考えられる．また，バージェス動物群の場合は，大規模な海底地すべりによって浅海底で生活していた生物が一瞬のうちに深海底に運ばれ，堆積物中に生き埋めにされたと考えられている．

化石には保存状態がきわめてよいものが知られている．木の樹液が硬化してできた琥珀は，琥珀そのものも化石であるが，そのなかに昆虫などを生存時の状態のまま閉じ込め，風化や浸食から保護している．氷土のなかに閉じ込められたシベリアのマンモスやタール・ピット(tar pit)に落ちてそのまま油づけになってしまったカリフォルニアのサーベルタイガーやコンドルなどは，皮膚や筋肉，内臓などの軟組織までよく保存されている．また，石灰岩の洞窟や裂目に堆積した動物の骨の表面を炭酸カルシウムが覆ったり，ケイ化木にみられるよ

うに維管束孔をケイ酸が充填したり，生物組織を黄鉄鉱やリン酸カルシウムが置換したりして，生物体の細かな構造が保存されることがある．このように，一般的な地層よりも保存状態がよく，豊富で多様な化石群を含む地層をラーガーシュテッテン(Lagerstaetten)とよんでいる．

　多くの化石が地層中から産出することからもわかるように，これらの地層が堆積する場所に生息していた生物は，そうでない場所に生息していた生物に比べて化石になりやすい．すなわち，一般的には浸食の場である陸上よりも堆積の場である水中のほうが化石になりやすいといえる．水中に生活する生物は浮遊性，遊泳性，底生に分けられ，底生生物はさらに水底の表面部で生活する表生と堆積物中に潜って生活する内生とに分けられる．また，表生生物は水底を自由に動きまわる可動性と，水底になんらかの手段で付着する固着性とに分けられる．このような生活する場の違いにより，化石へのなりやすさも異なる．内生生物はすでに堆積物中にあるので，水中や表生の生物に比べて，死後，捕食されたり，水流などによる機械的な破壊の程度も少なく，化石として保存される確率が高くなる．とくに，堆積物の奥深くに潜没している深潜没生物は浅潜没生物に比べて，物理的にも生物的にも堆積物中から掘り出されることは少なく，化石になる機会も多くなる．

　一方，水中を浮遊したり遊泳している生物は，死後，水底に沈むが，その大部分は沈む途中で捕食されたり，水底に沈殿してもほかの生物の餌となり，短期間のうちに分解されてしまう．しかし，石灰質の殻をもった有孔虫や，ケイ酸質の殻をもった放散虫やケイ藻などのプランクトン，魚類や哺乳類の骨格などは軟組織に比べて分解されにくく，化石になりやすい．このような石灰質やケイ酸質の殻であっても，沈殿した海底の水深が深いと殻は溶解してしまう．深海では炭酸イオンが少なく，低温，高圧のために炭酸ガス分圧が増加し，炭酸カルシウムが溶解される．また，海水の溶存ケイ酸は未飽和なので，沈殿距離が長いほど溶解が進むことになる．海域によって異なるが，この炭酸カルシウムやケイ酸が溶解する水深を炭酸カルシウム補償深度(CCD；calcium carbonate compensation depth)およびケイ酸塩補償深度とよんでいる．このように，さまざまな化石の保存過程を扱う学問分野を「タフォノミー」(taphonomy)とよんでいる．

（2）記録書としての化石

　一般に，化石が正しく理解されるようになったのは，生物の進化についての正しい認識がなされるようになった19世紀以降のことである．地球上に現れたすべての生命体のうちで，化石となってその存在をわれわれに伝えているものはほんの一部にしかすぎない．それでも，地層中には想像を越えるほど多くの生物が過去に生きていたことの証が残されている．これらの化石は過去に生存していた生物の実体を示すばかりでなく，その生物が生息していたときの地球の出来事をも記録しているのである．

　切り通しの崖でおびただしい数の貝殻が密集した地層をみかけることがある．この化石密集層は台風などの暴風によって形成されたり，あるいは堆積速度がきわめて遅い海底で形成されたものである．すなわち，暴風時の波浪が浅海底を掘り起こし，このとき細かな粒子は海水中に懸濁してほかの場所に運ばれるが，礫や貝殻などの粗い物質は海底面にえぐられたへこみにほとんど一瞬（多く見積もっても数日）にして沈積したことを示している．また，地層を形成する砂や泥の粒子があまり供給されなかったり，強い流れで運び去られて，貝殻だけが堆積した場合に形成されることもある．このような暴風や堆積速度の減少，強い潮流などのバイアスがかかった自然現象はそう頻繁には起こらない現象なので，これらの作用によって形成された堆積物を「イベント堆積物」あるいは「テンペスタイト」（tempestite）とよんでいる．この化石密集層は短時間に堆積したものであるが，その地層を構成している個々の貝類は長い年月をかけて生産されたものであることを理解しておかなければならない．

　つぎにホタテガイやアサリの殻の表面を観察すると，殻の縁に平行な同心円状の筋が何本かあることに気づく．この筋は貝が成長を休止したときにできた模様で，成長線とよばれている．このような現象は，私たちの爪にもときどきみられることがある．それは大病をしたり大きく体調を崩したときに，その影響が爪にもおよび，爪の成長が阻害されて，そこに筋ができることがあるのと同じである．貝の殻には，夏の高水温時や冬の低水温時に一時的に成長を止めたり，また放精や放卵時に成長が休止したときの状態が，殻上に筋として残されることがある（図5-1）．この筋と筋の間が日常的に成長した部分で，そこには細かな成長線が形成されている．成長線には貝殻の密度の違い，すなわち構成

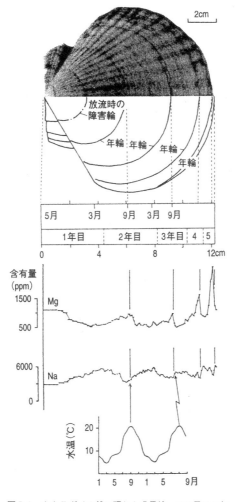

図5-1 ホタテガイの殻に現れた成長線．この貝は5年生きていたことを示している．1年の幅が成長にしたがって狭くなっているのは，成長がしだいに遅くなっていることを示す．増田(1994)より．

している炭酸カルシウムの結晶の大きさの違いが現れている．また，成長線には昼と夜とで異なった環境にさらされるために生じた活性の違いや，潮の干満による干出の影響などが反映される．1日に1本の線が形成されるような貝の場合には，成長線から日輪を読み取ることができる．河口域に生息する貝の殻の

成長線には，潮汐のパターンや干満と大潮・小潮のリズムまでが記録されていることも知られている．さらに，貝殻に含まれる元素の含有量や安定同位体比から，貝が成長したときの水温変化を知ることもできる．

5.3 化石からなにが読み取れるか

(1) 示準化石と示相化石

　生物はそれぞれが進化の歴史をもち，種としての固有の生存期間をもっているので，産出した化石によってその地層の堆積した地質年代を特定することができる．このような特定の地質年代に限って産出する化石を「示準化石」(標準化石)という．示準化石はその種や属の生存期間が短いほど，すなわち進化速度の速い生物ほど有効である．それは時代の目盛りがより細かく特定できるからである．また，その種や属の生息分布が広域であるほど有効な示準化石といえる．この示準化石を用いて地層の対比や区分をし，地質時代を特定している．

　生物はそれぞれ固有の生活様式をもち，固有の環境条件のなかで生息している．したがって，化石はそれが産出した地層の堆積環境(古環境)を知る手がかりとなる．ある限定された環境条件を示す化石を「示相化石」とよんでいる．たとえば，造礁サンゴの化石からは，それを含む地層が堆積した環境をつぎのように推定することができる．水深は 50 m より浅く，年平均水温は 20℃ 以上で，透明度の高い(陸源物質の供給が少ない)海域であった．この堆積環境は，斉一説によって現在の造礁サンゴの生育条件をもとに推定した．そのため示相化石は，その生物の生存期間が長く，生息していた環境条件の許容範囲が狭いほど有効性が高いといえる．しかし，古い地質時代にこのような斉一説を機械的にあてはめることは避けなければならない．地質時代の造礁サンゴの環境条件が現在とまったく同じであったかどうかについては，別な検証が必要であるからである．

　示準化石や示相化石を用いる場合，その化石が現地性であるか異地性であるかということに注意しなければならない．化石には，化石化の過程で生息していた場所で化石になった場合と，死後に移動し離れた場所に運ばれて化石になった場合とがある．化石の産状から，前者を現地性(自生)の化石といい，後者

を異地性(他生)の化石という.自生の化石は生息時の姿勢を保ったまま地層に埋まっている貝や地層に直立して根を張った木の株などであり,とくに地層面に残された足跡や這い跡,地層中に掘られた巣穴などの生痕は,生物がそこで生活していたことを示す典型的な例である.他生の化石の例はほとんどの化石がそうであるが,死後,なんらかの原因で動かされ,生息時の状態が乱されている.さらに,いったん化石になったものが,その後の浸食作用で地層中から洗い出され,再堆積する場合もある.このような化石を「誘導化石」(二次化石)とよんでいる.

(2) 古生物の復元

「古生物を現生の生物と比較することによって,断片的な化石からでも,その古生物の全体像を把握することができる」として,古生物学の実証科学としての基礎を築いたのは,フランスの博物学者キュヴィエ(Cuvier, G.)であった.

古生物の科学は,断片的な化石記録からいかに多くの生命現象を読み取るか,また,過去の生物をいかに現在に蘇生させるかという復元の科学でもある.そして,この復元という作業は,一部の限られた情報から生命体としての完成品の仮説を得ることである.そのためには,生物学に立脚した理念と手法に基づいて,存在可能なすべての生命モデルのなかから最適のものを選び出さなくてはならない.したがって,絶滅した化石生物を復元する過程で,類似する近縁の生物が現在は存在していない場合や,記録が少なかったり断片的だったりすると,復元仮説が二転三転することが少なくない.

これまでに,コノドント(*Conodont*)動物やヘリコプリオン(*Helicoprion*,古生代の魚類)の顎の復元にかかわる論争があった.バージェス動物群のハルキゲニア(*Hallucigenia*)も最初は環形動物の多毛類とされていたし,アノマロカリス(*Anomalocaris*)もエビやクラゲの仲間とされていた.このように,生物体そのものを復元するばかりでなく,生活様式から運動機能までをも,あらゆる手段を駆使して復元作業は行われる.

とくに,生痕化石はその動物のすみかと動物体の形状を類推させる多くの情報を提供するとともに,化石からその動物の運動様式や摂食行動,生殖行動,社会行動まで読み取ることができる.生痕化石は地層中に残されるばかりでなく,体化石の表面にも多く残されている.それらはほかの生物のすみかであっ

58　第5章　生命を記録する化石

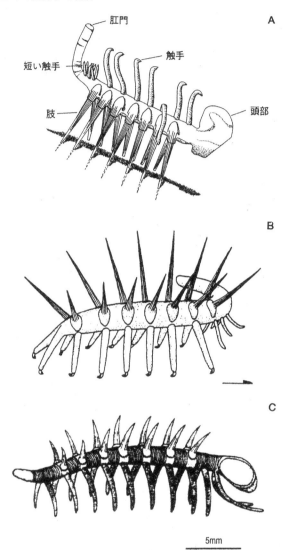

図5-2　ハルキゲニアの復元図．A：Conway Morris(1977)による復元．B：Ramsköld (1992)による復元．C：Hou & Bergström(1995)による復元．

たり，捕食された痕跡であったりする．また，寄生や共生を示す痕跡や捕食された傷を補修し，再生した痕跡まで残されている．このように，生物の生きかたを扱う生態学と並んで，過去の生物の生きかたを研究する学問分野を「古生態学」とよんでいる．

ここでは，バージェス動物群のハルキゲニアの復元にまつわる古生物学者の奮闘の様子をみてみよう．ハルキゲニアは体長5-30 mmほどの小さな生物である．1977年，ケンブリッジ大学のコンウェイ・モリス(Conway Morris, S.)による復元は，「細長い体幹部は7対の鋭い棘で支えられ，その背側には，先端が二叉に分岐した細長い触手が7本伸びている．胴体の一端に円く膨れた頭をもち，もう一方の端には細長く短い触手が6本密生する」というものであった(図5-2A)．その後，新たな化石の発見によって，スウェーデン，ウプサラ大学のラムショルド(Ramsköld, L.)は1992年，「モリスが背側の触手とした細長い突起列は1列ではなく2列であり，その先端部は二叉分岐ではなく鉤爪になっている．さらに，頭部と尾部は逆である」とした(図5-2B)．これによって，触手とされたものは鉤爪をもった肢であり，肢とされたものは背側に突き出た棘であり，また頭は尻に，尻は頭になってしまったのである．まさに天地，前後逆転の解釈であった．ところが，さらに中国，澄江生物群(Chengjiang Biota)からの新しい有爪動物の発見によって，ホウ(候)とベルグストローム(Bergström, J.)は，1995年にハルキゲニアの体の前後を再度逆転させ，コンウェイ・モリスが最初に復元した姿に戻したのである(図5-2C)．

Box-4 キュヴィエ

キュヴィエ(Georges Cuvier, 1769-1832)は比較形態学(解剖学)の祖といわれ，動物化石，とくに脊椎動物化石の研究に不可欠な「比較解剖学」を確立した．スイスで発見された脊椎動物の化石「罪深い人間の化石」(ノアの洪水のときに溺れ死んだ人)を研究し，オオサンショウウオに近い両生類であることを明らかにした．しかし，生物の進化については「天変地異説」を説き，「地球の歴史上，何度も大異変があり，そのたびごとに地球上の生物はすべて死に絶え，新しい生命が発生した」と考えていた．そして，すべての種は完成されたものであると考え，生物の進化を認めなかった．彼にとって，生物相の時間的変化の原因は，絶滅とほかの大陸からの移住以外にはありえないことであった．

6 地質年代と編年

　過去に起こった現象は，私たちのまわりのどこに記録されているのだろうか．私たち人間の歴史は，絵や文字で書かれた古文書などで読み取れるが，人類が文字をもたなかった時代の歴史は遺跡や遺物などから解読するほかはない．それでは自然界で起こった現象，すなわち地球誕生以来の環境の変遷や生物の進化の様子はどのようにして知るのだろうか．時間の経過とともにこれらを記録した記録計はどこにどのように残されていて，それらからどのようにして過去の出来事を解読するのだろうか．

　地層や岩石の形成に関連して認識される地球の年代を地質年代という．地質年代には，地層や岩石の新旧をそれらの重なり方や産出化石によって決める相対年代と，放射性同位体の半減期を利用していまから何年前かを示す放射年代とがあり，通常はこれらを併記して用いている．

6.1 過去の時間経過を読み取る

(1) 記録計としての地層

　多年生の樹木の断面には，ほぼ同心円状の年輪が発達している．樹木の成長は温暖な時期には速く，寒冷な時期には遅くなる．そのため，成長した時期によって付加される木の組織に粗密が生じる．木は死ぬまで成長を続けるので，木の年輪にはその木が生存していた期間に起こったさまざまな現象が記録されている．アメリカのジャイアント・セコイア (giant sequoia) や屋久島の縄文杉のような長寿の木では，2000本以上の年輪を数えることができる．つまり，私たちは2000年を越える過去の記録が書き込まれた歴史書を手にすることができるのである．

　高地や極地では，積もった雪に季節の変動を示した記録が残される．いろいろな季節に降り積もった雪が万年雪に変わっていくと，この季節変化は縞模様

になって残される.この氷の縞模様は木の年輪と同様に,1年ごとの時間とそこに起こった環境の変化の記録である.アンデスやチベットの万年雪のなかには,このような縞模様が数多く残されている.また,グリーンランドや南極の氷床にも,年を読み取れる層がみられる場所もある.日本でも,北アルプス立山連峰の万年雪に年輪とみられる縞模様がみつかっている.

サンゴの骨格にも日輪や年輪が残されている.サンゴの表面や内部骨格にみられる1層1層の筋は,1日あるいは1年に対応している.また,貝殻にも日成長線や年輪が残されている.このように,サンゴや貝殻は過去の時間とそのときの環境が記録された一種の歴史書ともいえるのである.

地層のなかにも,時間の流れとともに自然界のさまざまな出来事が記録されている.地層は,岩石が砕けた砕屑物粒子や生物の遺骸が海洋や湖沼の底に堆積してできる.しかし,沈積する粒子の性質は季節によって異なる.わかりやすい例として,氷河の末端にある湖での堆積現象について考えてみよう.春から夏の暖かい時期になると,氷河の氷は溶けて,氷のなかに含まれていた粗粒の堆積物が湖底に堆積する.冬には氷河は溶けないので,そこから堆積物粒子はほとんど供給されず,水中に浮遊する細かい粘土の粒子だけが堆積する.したがって,氷河の末端部に形成される湖の底には,夏と冬とで異なった粒径組成の堆積物が沈積することになる.このようにして,毎年,堆積物が沈積すると,1年ごとの縞が発達した地層ができる.これが氷縞粘土(バーブ varve)といわれる年層である.水中の生物も季節によって異なった種類が繁栄する.海水中の酸素が少なく,底生生物が生息していない環境では,水中の浮遊粒子がそのまま水底に沈殿・堆積する.このような環境では季節ごとに異なった生物源粒子が層として堆積する.カリフォルニア縁海やバルト海の海底には,年層である海洋縞粘土(マリンバーブ)が堆積している.バーブやマリンバーブには,木の年輪と同じように,1年ごとの時間の刻みとともに地球のさまざまな歴史が記録されている(図6-1).

しかし,海水中に酸素が含まれている海底の場合,海底の表層部には堆積物を攪拌する底生生物が多く生息しており,それらが時間とともに整然と堆積してきた年層をかき乱してしまう.それでも,堆積物は海底で絶えず積もり続けるので,海底下には底生生物に攪拌されて数年から数十年分の記録が混じった,塊状の地層が形成される.このような記録の混合と変質があるにしても,地層

62　第6章　地質年代と編年

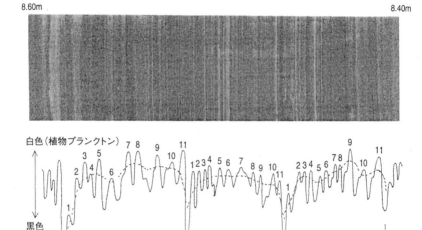

図6-1　浜名湖最深部で採取されたコアにみられる縞模様．写真は湖底下8.40-8.60 m (約4000年前)のコア断面の軟X線像．池谷ほか(1987)より．曲線は白色バンド(植物プランクトン)と黒色バンド(炭質物)の濃淡の変動を示す．増田(1994)より．

の重なりが時間と現象の記録書であることに変わりはない．

(2) 地層を時間の順に並べる

　地層は地球の歴史を記録している歴史書である．地質学者は，これらの地層に残された過去の地球上で起こった出来事をさまざまな方法を駆使して解読し，そこに起こった地球環境の変遷や地球生物の進化の様子を明らかにしてきた．しかし，地層は堆積した後で，さまざまな地球の動きによって曲げられたり，寸断されたりして，ばらばらにされてしまうことがある．したがって，地球の歴史書を編纂しようとする場合には，それぞれまちまちに分布している地層を，それらが形成された順序に並べ直す必要がある．

　これらの地層を形成された時間の順に並べるにはどのような方法を用いるのであろうか．その一例を静岡県の中部地域でみてみよう．海側の日本平の丘陵地の崖には，下方から上方に向かって，比較的深い海底で堆積したとされる泥岩層から，海岸に近い環境で形成されたと考えられる礫質の堆積層が，ほとん

ど水平に整然と重なっている．このような地層の場合，上方にある地層ほど，より新しく堆積した地層であるといえる．地層が堆積するとき，新しい堆積物は前からそこにあった古い堆積物の上に堆積されるからである．このことを「地層累重の法則」とよぶ．このように整然と重なった地層の重なりの順序は，相対的な時間の経過を表している．一方，山側の南アルプスのほうに行ってみると，地層の層理面が垂直に立っていたり，曲がったり，また切れたりしている露頭に出会う．これは，地層が堆積した後で著しい変形を受けたためである．このように乱雑になった地層は，この乱雑さを整理して時間の順序にしたがって並べ直さなければならない．それにはまず，つぎの作業をしなくてはならない．層理面が傾斜している地層は，もともと水平に堆積した地層が，その後，傾いたものとして水平に戻す．この「地層はもともと水平に堆積したものである」という前提を「初源堆積水平の法則」とよんでいる．この原理は，堆積物は水中で重力などのポテンシャル面にしたがってなるべく水平に堆積しようとすることに基づいている．また，地層は断層で切断されて食い違っていたり，新しい地層が堆積する前に下層の古い地層が削られたり，さらに新しい堆積物の重みで下の地層が変形したりすることがある．このように，すでに存在している地層を切ったり削ったりする現象は，削られた地層よりも明らかに後になってから起こったことであると判断でき，地層や地学的な現象の時間的前後関係を決めるときの材料として使われる．これを「交差切りの法則」という．これらの単純な原理に基づいて地層の形成順序は決められている．

Box-5 地層累重の法則

　地層の累重様式を検討するうえでのもっとも基本的な原則で，デンマークのステノ (Steno, N., 1638-1686) によって提唱された．それは「上下に重なる地層において，上位の地層は下位の地層よりも新しい」という単純明解な原理である　この法則によってはじめて，地層が時間の経過とともに形成され，上下の重なりが堆積した時間や年代の新旧に対応していることを認識できるようになり，時間軸をもって地球史を論じることができるようになった．

(3) 地質図の意味

　地層の空間的な広がりと重なり方は，野外を調査することによって把握される．この過程を地質調査という．調査結果は地質図として，地形図上に作図され，地層の分布とそれらの重なり方がわかるように記述される．地質図は，調査地域の岩体と地層の空間分布，時間の経過に沿った地層と岩体の形成や変形の順序などの情報が二次元の地形図に表現されたもので，きわめて多次元的で優れた図といえる．なお，地質図には岩体や地層の相互関係（地質構造）を示した地質断面図と，地層の重なりの順序や地層の性質，厚さなどを示した地質柱状図が添えられる．地質図・地質断面図・地質柱状図の3点によって，ある地域を構成する地層と岩体の地質構造から地史までを記述することができる．

　地質調査の結果，地層の重なり方から並べ直された地層は，地層の形成順序を示している．しかし，これらの地層は形成された順序に重なっていても，時間的に連続しているとはかぎらない．すなわち，地層や岩体が時間的に連続して重なることを「整合」，不連続面をもって接する場合を「不整合」といい，その境界面をそれぞれ整合面，不整合面とよんでいる．不整合には，大小さまざまな時間的ギャップが存在する．たとえば，ある地域の陸上に露出した地層や岩体が長い時間にわたって浸食作用を受けて大きく削り取られたとする．その後，この地域が再び堆積の場となって新しい地層が堆積した場合，ここには大きな時間的間隙をもった不整合ができる．このような不整合は，しばしば下位の地層が変形（変位）や変質を受けているので，露頭で容易に認識することができる．また，連続的に整然と堆積したようにみえる地層のなかにも，堆積の一時的中断や休止によって時間的なギャップが隠されていることがある．このような不整合は，露頭ではなかなかみつけにくいが，地層中の化石記録が一部欠如していて連続しなかったり，また放射年代の測定値に隔たりがあったりすることから認識される．したがって，地質調査では「地層と岩体がいつどこで形成されたか」を明らかにするような調査や測定も同時に行われる．このように，地質調査などによって地層や岩体の形成順序を明らかにする研究手法（学問分野）を「層序学」，あるいは地層の位置，前後関係を決めるという意味で「層位学」とよんでいる．

6.2 地質時代の区分

(1) 基準となる地層

　地質調査をして，ある地域の地層の形成順序が決定できたとしても，それらの地層がいつできたのかがわからなければならない．

　18-19世紀にかけて，特定の地質時代から産出する石炭や金属資源を探すために，地質学者たちはヨーロッパ各地の地層を調査して，その重なりの順序や産出化石を記載していった．このようにして調べた結果をまとめてみると，産出する化石の特徴からいくつかの地層群に分けられることがわかってきた．それらの地層群から産出する化石を現在の生物群と比較して，似たような生物群を産出する地層を「新生代」とし，あまり似ていない生物群を産出する地層を「中生代」，ほとんど似ていない生物群からなる地層を「古生代」と名づけて区分した．これらの時代を特徴づける化石生物群は，新生代では哺乳類，中生代では爬虫類(とくに恐竜)や頭足類(アンモナイト類)，古生代では三葉虫や腕足類，魚類(甲冑魚)からなる．また，それぞれの時代は特徴的な生物群によってさらに細かく区分されている．たとえば，古生代は古い順にカンブリア紀，オルドビス紀，シルル紀，デボン紀，石炭紀，ペルム紀と分けられている．このように地質時代の区分はすべて産出する動物化石の変遷に基づいている．植物界の変遷はつねに動物界に先行しているので，これらの区分は植物界の変遷とは一致していない．

(2) 地質年代区分

　地質時代は地層とそこに産出する化石によって区分されてきたが，その区分単位には，地層に対応した年代層序区分単位と，抽象的な単位である地質年代区分単位とがある．年代層序区分単位は地質系統ともいい，地層が単位となって，界(erathem)，系(system)，統(series)，階(stage)とに分けられている．この区分法では，区分された時代ごとに典型的な地層と標識的な化石が産出する模式地域(type area)が指定されている(図6-2)．たとえば，第三系ならば「第三系の標準地域の地層が堆積しはじめてから堆積し終わるまでの時間に堆積したすべての地層を第三系とする」という認定法である．したがって，模式地が重要

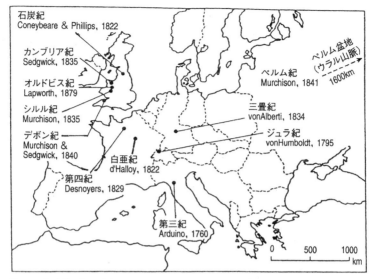

図 6-2　各地質時代の模式地．これらの模式地を定めた地質学者とその年代を示す．小嶋・齋藤（1978）より．

な役割を果たすことになる．これは，度量衡の単位に原器が存在するのとまったく同じことである．このように地質時代の物差しをつくることによって，地球上のどこでも同一の基準に基づいて時代区分ができるようになっている．

　地質時代の物差しは各時代ごとにそれぞれ決められているが，隣接する時代どうしの境界については，はなはだあいまいなところがあったため，時代境界についても模式地が指定されるようになった．たとえば，新第三紀と第四紀との境界の模式地はイタリア南部，カラブリア半島のクロトーネ市近郊のブリカに指定されている．このような境界の模式地のことを「黄金の楔」(golden spike)とよんでいる．

　一方，地質年代区分単位は時間が単位となって，地層の界・系・統・階に対応して，代（Era）・紀（Period）・世（Epoch）・期（Age）と区分されている．この単位は抽象的なものであり，たんに地球の歴史的経過を時間的に区分したもので，時間の長さを表したものではない．したがって，この年代を相対年代といい，放射年代と区別している．

　地球の歴史年表に年代値（絶対年代）を入れる試みは，100年以上前からさまざまな方法を用いて行われてきた．19世紀末になって放射性同位元素の発見と原

表6-1 地球生物の歴史年表と地質年代表．年代値はGradstein & Ogg（2004）に基づく．

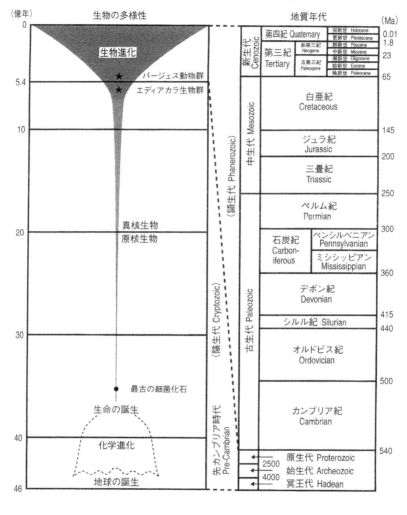

子崩壊が明らかにされ，放射年代の測定が可能となった．その後，質量分析器の発達によって分析精度が上がるとともに放射年代測定法が進歩したために，その適応範囲も広がった．そして，地層に信頼性の高い年代を数値で入れた地質年代表をつくることができるようになったのは，1950年以降のことである（表6-1）．ここで年代値として，ギガ（Ga；1 giga＝10^9年）・メガ（Ma；1 mega＝10^6年，1 m.y.と表記することもある）・キロ（Ka；1 kilo＝10^3年）の単位が用いられ

ることがある.たとえば,46億年を4.6 Ga,100万年を1 Ma,1000年を1 Ka のように表す.また,放射性炭素(^{14}C)年代の場合には,その値を示すときに「いまから何年前」というBP(before physics)がつけられる.このときの「いま」は1950年を基準としており,"before present"の意味ではない.

6.3 地層の対比と相対年代の決定

(1) 化石による地層の区分

化石を用いて地層を上下に細分することを「分帯」という.すなわち,古生物の種や属の生存期間を利用して,地層を時間的に区分することである.生物の特徴を用いて分けられた地質時代区分を「生層序区分」という.具体的には,ある特徴的な化石が含まれる地層の上限と下限を決めて,これを化石帯として用いる.また,離れたところに分布する地層が同じ時代に形成されたものかどうかを確かめることを「地層の対比」といい,それは離れた地域で同時に起こった現象や同時に堆積した地層を認識することである.このように,特徴的な化石を用いて地層の同時性や新旧を決め,地層を対比する化石層序学の原理は,イギリスの測量技師スミス(Smith, W.)によって1816年に確立された.これは「地層同定の法則」といわれ,応用古生物学のはじまりでもあった.地質年代区分は化石に基づいて行われていることからもわかるように,特定の地質時代からは特定の種類の化石が産出する.各地の地層から産出する化石の種類と地層内での産出範囲が明らかになれば,地層を細分したり,対比することができ,またたがいの地層の相対的な地質年代を決めることができる.このように地質時代を決めるための有用な化石のことを「示準化石」という.示準化石としてよく使われる生物の特徴は,生存期間が短く,生息域が広く,かつ数多く産出することである.古生代の三葉虫や筆石,紡錘虫(フズリナ),中生代のアンモナイトや三角貝,新生代の哺乳類や貨幣石などが示準化石としてよく使われている.最近では,有孔虫や放散虫,ケイ藻,石灰質ナノプランクトンという海生の浮遊性原生生物が地質年代を決定する際の有用な道具として用いられている.示準化石による相対年代の算定方法は,基本的には古生物の進化に基づいているので,いかに進化速度の速い生物を対象としても,解析できる年代の精

度はかぎられている．しかし，実際にはいくつかの種類を組み合わせることによって，ときには数万年という精度でヨーロッパやアメリカ大陸の地層と比較し，年代決定や地層の広域対比をすることができる．

(2) 鍵層

きわめてはっきりした特徴があり，広範囲にわたって同時に堆積した地層があれば，それを用いて離れた地域の地層を対比することができる．このような地層のことを「鍵層」といい，火山灰層はその典型である．火山灰は短時間に広域にまき散らされ，かつ，ほかの砕屑物と簡単に区別することができる．たとえば，1991年にフィリピンのピナツボ火山が噴火したときの火山灰は成層圏まで吹き上げられた後，ジェット気流に乗って数日間で地球を1周している．ほんの数日間で，一定の化学組成をもった火山灰が地球全体にまき散らされたのである．

また，人間活動が関係した鍵層として有名なのは，1950年の核実験以降に増加した放射能(Cs-137)や1991年の湾岸戦争時のススなどがあげられる．これらのいずれもがきわめてよい鍵層となりうるのは，「いつ散布されたか」がはっきりとわかっていて，短時間に広範囲に分布した特殊な粒子を含んでいるからである．コーラの瓶やプラスチックの袋なども，製造年月日まで特定できる現代のよい示準化石となり，またよい鍵層にもなりうる．実際，沖縄の海岸にできつつあるビーチロック中には，コーラの瓶の破片が入っており，この地層が米軍の進駐時(1945年)以降に形成されたことを示している．

地球外物質もまた，同時間を示すよい指標となる．大きな隕石が地球に突入したときに溶解してできるガラスビーズ状の微小粒子であるテクタイト (tektite) は，短時間に数百kmという広範囲に散布される．約70万年前にインドネシアを中心とするインド洋から太平洋の一部に降ったテクタイトは，よい地質時代の指標となっている(図6-3)．

(3) 地層と層序

地層の最小の単位は単層(Bed)であり，これらの単層が積み重なって，ある特徴的な堆積相を示す単層群の部層(Member)を構成する．そして，堆積相に類似性のある部層を集めた単位を累層(Formation)とよぶ．累層のいくつかが集まっ

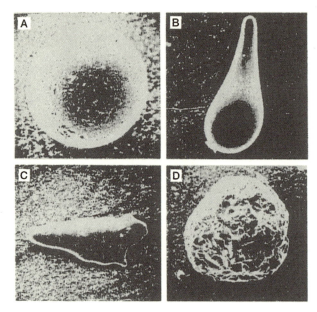

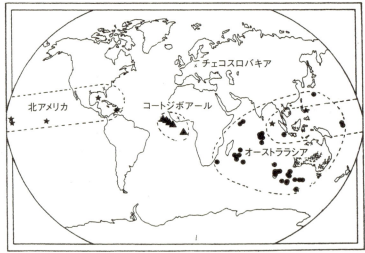

図6-3 マイクロテクタイトとそれらの落下地点. A：直径470μm. B：長さ880μm. C：長さ535μm. D：直径250μm. 地図の点線内は同一テクタイトの落下地域を示し, ★▲●はボーリング・コア採集地点, ×は陸上の落下地点をそれぞれ示す. Kennett(1982)より.

て層群(Group)を形成する．層群は不整合からはじまり不整合に終わる大きな1つの堆積輪廻(海進と海退のサイクル)でまとめられることが多い．

　化石や放射年代測定値に基づいて離れた地層を対比し，それらの地層を順番に積み重ねていくと，地球上に地層が堆積するようになって以来の歴史書が編纂できる．このことを「編年する」という．そのとき，重なり合った地層をいくつかの単位に分けて取り扱うと便利なので，地層がもつさまざまな属性，すなわち岩相，化石相，堆積相(層相)や，そのほか磁気方位，化石中の同位体，地震波の伝達速度，電気伝導度などを用いた地層区分がなされている(図6-4)．これらの代表例を説明すると，礫，砂，泥(シルトと粘土)などの地層を構成している粒子の大きさや組成などを用いた区分を岩相層序といい，「泥がちの地層群」や「チョーク層」などのように，地層の重なりのなかで卓越する岩相を用

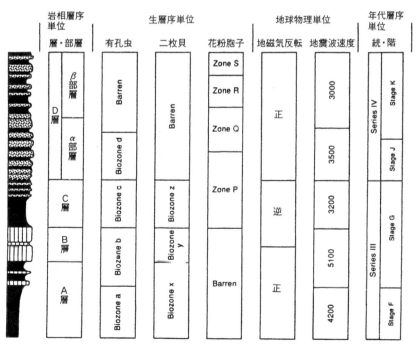

図6-4　岩石の異なった組成や性質に基づく層序境界区分．Barrenは化石が乏しいことを意味する．柱状図中のC層とD層の境界は不整合で，年代層序区分では大きな区分の境となっている．Salvador(1994)より．

いて区別する．

　地層に含まれる化石の種類と層位的な産出状態に着目して地層を区分する方法を生層序という．特定の種類がはじめて産出しはじめる層準や消滅する層準を用いて地層を区分している．また，複数の種類の産出期間（レンジ range）を組み合わせて地層の特徴づけを行い，この化石によって区分された単位を生物帯（biozone）あるいは生物群集帯（assemblage zone）などとよんでいる．

　化石殻の同位体組成の時代的な変化を用いて地層を対比することがあり，これを同位体層序とよんでいる．何種類かの海生生物は，海水と平衡した同位体組成をもつ殻をつくるために，殻の同位体組成の変化はそれぞれの時代の海水の同位体組成を反映している．海水の同位体組成は全球的な気候変動などに対応して変化するので，時代を追って全球的に変化する同位体記録を地質時代の特徴として取り扱うことができる．現在，使われているのは，浮遊性有孔虫の殻の酸素同位体比の変化に基づく区分で，現在からステージ1，2，3と番号がつけられている．

　地層の物理的な性質に着目して地層を区分する方法を，地球物理学的層序といい，地層に記録された地球磁場の逆転史を用いて地層を区分する地磁気層序や地震波の速度を用いた地震波層序などがある．また，最近では地層を形成論的に取り扱い，海水準の変動に対比できるものとしてシーケンス（sequence）層序学が提唱されている．

7. 生命の起源

「生物は自然に発生する」と長いこと信じられていたが,フランスの化学者で低温殺菌法の考案者としても名高いパスツール(Pasteur, L.)の実験によって,その「生物の自然発生説」が否定され,生命は生命体からしか生まれないことが立証された.それはダーウィンの『種の起源』が出版された2年後の,1861年のことであった.生命が自然発生しないとするならば,地球上の生命はどのようにして発生してきたのであろうか.地球上の生命はほかの天体からもたらされたという説がある.しかし,生命の発生を地球から宇宙に移しただけであって,生命の起源についての謎は解けていない.最初の生命はどこで生まれたのか.生命が地球で生まれたにせよ,また地球外の宇宙のどこかで生まれたにせよ,最初は無機物しか存在しなかったはずであるから,生命が無機物を材料として生み出されたことは確かである.それでは,どのようにして生命は誕生したのであろうか.

7.1 化学進化から生物進化へ

(1) 生命体をつくる部品

生命の本質は,代謝によって自己を維持し,自己を複製(増殖)できることである.これを行っているのが細胞であり,またこの働きを担う物質がタンパク質と核酸である.

現生の生命体はつぎのような主要部品からなりたっている.すなわち,遺伝子の本体であるデオキシリボ核酸(DNA)は塩基,糖,リン酸からなり,酵素の本体であるタンパク質は20のアミノ酸からなる.また,細胞膜の脂質は脂肪酸,グリセリン,リン酸で構成されている.DNAをつくる塩基はアデニン(A),グアニン(G),シトシン(C),チミン(T)の4種からなり,自己複製能力はDNAの塩基配列に保存され,細胞内の成分はDNAの情報に基づいて合成されている.4

塩基の3つの組み合わせで20種のアミノ酸が決定され，アミノ酸の並ぶ順番にしたがってタンパク質のかたちと働きが規定される．

このように，DNAを中心としたしくみはすべての地球生物に共通したしくみでもある．また，AGCTがすべての生物に共通であるということは，生物のすべてが共通の祖先から由来したことを示している．

(2) 化学進化

生命の起源について，はじめて科学的な回答を与えたのはロシアのオパーリン(Oparin, A. I.)であった．1924年に『生命の起源』のなかで，生命が物理化学的法則に則って，化学進化の結果生まれたことを主張した．すなわち，還元的な原始地球環境で，メタンがアンモニアと反応してアミノ酸や核酸などの窒素誘導体をつくり，つぎにアミノ酸がポリマーを形成してタンパク質をつくったと考えた．さらに，このタンパク質を主体とする生体高分子物質の集合体(コロイド状のコアセルベート)が原始海洋中で組織化され，やがて複製機能や代謝機能をもつ原始細胞へと発展していった．このような化学進化の過程を経て原始生命が生まれたと考えたのである．

オパーリンの学説の前半部分を実証したのが，1953年のシカゴ大学におけるユーリー(Urey, H. C.)とミラー(Miller, S. L.)による原始地球模型の実験であった(図7-1A)．原始地球の環境で，生命のもととなる物質が生成されるためには，その材料となる物質になんらかのエネルギーが関与する状況が必要であると考え，その材料としての原始大気をメタン(CH_4)，アンモニア(NH_3)，水素(H_2)，水蒸気(H_2O)の混合気体として，5リットルのフラスコに閉じ込めた．そして，その気体にエネルギーとして雷を想定した6万ボルトの高電圧による火花放電を1週間続けてあてた．ここで生成された物質は，沸騰する原始海洋(1リットルのフラスコ)から出てくる水蒸気がガラス管を伝って冷やされた雨滴のなかに閉じ込められ，それらが原始海洋中に溶け込んで，しだいに濃縮していくというシナリオを設定したのである．

原始海洋に想定されたフラスコ内に濃集した反応液を質量分析器で分析した結果，実験開始直後には猛毒のシアン化水素(HCN)やホルムアルデヒド(HCHO)が多量に生成されるが，1週間後には，わずかながらグリシンやアラニンのほか，数種類のアミノ酸や有機酸などの有機物を生ずることが明らかにされた(図7-1B)．

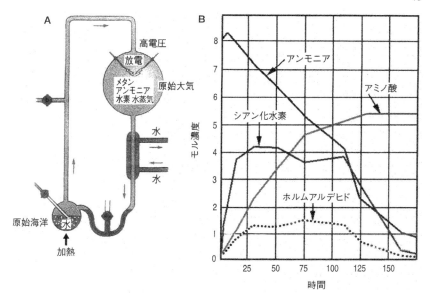

図7-1 原始地球模型によるユーリー・ミラーの実験.A:フラスコとガラス管で組み立てられた実験装置.B:反応液中の物質の濃度変化.Miller(1953)より改変.

このような簡単な実験装置で無機物から有機物を合成することに成功したのである.当時は,アミノ酸は生物活動によってしかつくり出せないと考えられていたので,実験室において,しかもこのような簡単な装置の下でアミノ酸が短時間のうちに生成されたことは大きな衝撃であった.

その後,原始大気は還元性ではなく,一酸化炭素(CO)や二酸化炭素(CO_2),窒素(N_2),硫化水素(H_2S),水蒸気などを主成分とした火山ガスに近い組成であることがわかり,この実験を生命の起源とすることに疑問が出された.しかし,無機物から生物体の基本物質であるアミノ酸が合成されたことは,地球で生命が生まれうることを示した画期的な実験であったといえる.それ以降,材料やエネルギーなど,さまざまな条件を設定した多くの類似実験が行われた.その結果,生命の素材となるタンパク質を構成する20種のアミノ酸,4種の核酸塩基,ピルビン酸などの有機酸,リボースなどの糖,それに血液色素のヘムや葉緑素の分解産物であるポルフィリンまでがつぎつぎに合成されることが確認された.すなわち,生命を構成する分子は原始地球上で独自に生成したという考えに対する合理的な根拠が与えられたのである.

(3) 生命前駆物質の合成

生命を構成する2つの基本物質系であるタンパク質系と核酸系はどのようにしてできたのであろうか．タンパク質に関しては，多種類のアミノ酸を含んだ溶液に紫外線を照射すると，無生物的にアミノ酸の連なる短い鎖状のポリペプチドが合成された．また核酸については，アルデヒドに紫外線をあてると，糖と塩基が合成された．糖と塩基は，さらにリン酸に結合し，生体のエネルギー物質であるATP(アデノシン三リン酸)を形成するとともに，短い核酸までも形成したのである．ミトコンドリアが生命の基本物質として合成し続けるATPやタンパク質と核酸は，生物が存在しなくてもすでにできあがっていた可能性が高い．

タンパク質系と核酸系が進行するためには，これらの高分子がさらに濃縮されなければならない．それには紫外線や放射線などのエネルギーと潮だまり(タイドプール)のような環境が必要であったと考えられる．しかし，タンパク質系と核酸系ができても，生命としては遺伝情報をもって増殖する分子ができなくてはならない．それでは，どちらの分子が生命への突破口を切り開いたのであろうか．

生命をつくりあげるために高分子に要求されることは，自らを複製し，その情報を確実に次世代の分子に伝える遺伝の機能をもち，ある程度変異性に富んでいて，さらに触媒機能(酵素機能)をもっていることである．核酸にはDNA(デオキシリボ核酸)とRNA(リボ核酸)とがあるが，このRNAこそが，生命が誕生するために高分子に要求される3つの条件を満たし，DNAの出現以前に自己増殖分子として遺伝子の役割を担っていたと考えられる．

RNAの出現によって，塩基対合による複製という，それまでの物質世界にはなかった新たな現象が誕生したのである．このRNA分子が効率よく複製し，増殖し続けるには，合成にかかわる物質(元素)が拡散せずに集合し，何度もリサイクルできるシステムが必要である．それには反応系の内と外とを分ける細胞膜系の発達が必要であった．

(4) 細胞の起源

実験室内で生成されたアミノ酸に対して，これを加熱するとタンパク質や核

酸などの高分子物質ができる．さらに，この物質を希薄な塩酸の溶液に溶かしてしばらく放置しておくと，自己集合を起こして多数の規則的な構造体（小液滴）ができる．この小液滴はコロイド状の粒子でプロテノイド・マイクロスフェア（proteinoid microsphere）とよばれている．有機分子でできた膜の内側は疎水性で，外側は親水性の環境をつくっている．この泡は生物ではないが，あたかも生物のように分裂したり，成長したりするなど，実際の細胞とよく似た性質をもっている（図7-2）．また，基質と酵素を加えると内部で活発な化学反応を起こすことから，代謝の原型を示すモデルと考えられている．オパーリンはこのような液滴をコアセルベート（coacervate）とよび，このような液滴がもとになって生命体の初期の段階である原始細胞が生じたとした．

この泡の膜は最初は一重であったが，やがて二重となり，より強化されていった．この生体膜の構造を電子顕微鏡で観察すると，膜の厚さは7 nmで，親水性の部分は黒く，疎水性の部分は透明にみえる．このような膜が形成されると，それまで浮遊していた有機物質はこの膜に付着し，やがて膜の内側に吸着されていったと考えられる．このようにして，DNAやRNAは境界膜で仕切られた入れもののなかで，酵素活性をもった成分やその基質を濃縮することが可能になり，最初の生命体へと発展していったと考えられている．この境界膜は細胞のかたちをつくる外側の膜として，またDNAの複製やRNAの転写に必要な酵素群の拡散を防ぐだけでなく，外界から絶えず水分や養分を選択的に取り込み，内部にできた老廃物などを排出する働きをする，いわゆる半透性の性質を備えていった．地球上の最初の生命は，このように泡のような分子の膜組織をつくっていたのであろう．

細胞は生命の最小単位であり，ヒトの細胞は細胞膜に包まれたなかに3000種類以上のタンパク質をもつ．このような細胞が60兆個もあるのである．

原始細胞は現在の細菌よりもさらに単純な体制の細胞であったと考えられているが，化石としては残されていない．

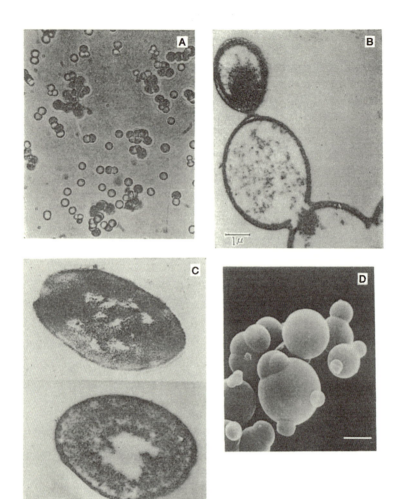

図7-2 プロテノイド・マイクロスフェアとマリグラニュール．A：コロイド状の多数の小液滴(直径1-2μm)．B：細菌と同様の染色性(グラム染色ではプラスである)があり，酵母にみられるような，あたかも出芽するような現象も観察される．C：プロテノイド・マイクロスフェア(下)と細菌(*Bacillus cereus*)(上)の断面．D：マリグラニュール(スケール：1μm)．A-C は Fox・原田(1972)より，D は石川 (1997) より．

7.2 生命の誕生

(1) 初期の生命体

　原始海洋で合成された猛毒のシアン化水素から核酸塩基と糖質が生まれ，それらとマグマからしぼり出されたリン酸とが結合してヌクレオチドがつくられ，つぎに RNA を完成させたと考えられている．この RNA は自己複製能力と触媒機能をもち，アミノ酸からタンパク質をつくり出すことに成功した．このように，RNA はまさに生命の原点ともいうことができ，RNA から DNA に移行していったと推論されている．

　これらの有機化合物は，有害な紫外線の届かない深海中で，最初の生命体へと進行していったと考えられる．最初の生命体は脂肪の膜に DNA を包み込んだ単純なもので，膜のなかの環境を一定に保つ自己保存能力と，つぎつぎと成長して子孫を増やしていく増殖能力を備えていた．この初期の生命体は，海底下から供給される猛毒な硫化水素などをエネルギーに変えることのできる「化学合成細菌」であったと考えられている．

　このような原始生命にもっとも近い現生生物は，高温強酸性の火山噴出口に生息する原核生物の超好熱細菌であるといわれている．生命物質の進化にとって，熱水環境はもっとも好ましい場所の 1 つともいえる．アメリカ，イエローストーン国立公園の酸性の温泉水中でみつかった硫黄細菌がその代表で，最適温度 75℃，最高 85℃ まで生きられる．さらに，海底熱水噴出口では，90–110℃ の高温に耐える超好熱細菌が発見されている．私たちのまわりの生物は酸素がなければ生きていけない．しかし，地球上のすべての生物が酸素を必要としているわけではない．むしろ酸素があると生きていけないメタン生成菌のような細菌（古細菌の一種）も存在する．これらの細菌にとって酸素がつくる過酸化水素は，細胞が破壊されてしまうために有毒な物質となっている．最初に，この毒性物質を分解する酵素を開発した細菌が，私たちを含む好気性生物の祖先なのである．

　生命が誕生した初期の海洋は，硫化水素の含まれる強酸性の猛毒な環境であり，このようななかで硫化水素をエネルギー源に代謝システムを確立していったのが独立栄養の化学合成細菌であった．分子から推定された生命の発生系統

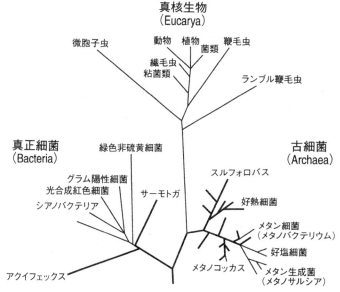

図7-3 生物の分子系統樹.現存する生物の共通の祖先は1種類で,最初は大きく2つの枝に分かれた.その1つは大腸菌などの真正細菌であり,もう1つは古細菌と真核生物である(太線は超好熱細菌,硫酸還元細菌などの熱水環境に生息する原核生物を示す).Stetter(1994)より改変.

樹によれば,生物は原核生物の真正細菌(バクテリア)と古細菌(アーキア),それに真核生物を加えた3つの系統に大別される.原始生命はまず,真正細菌と古細菌とに35億年前に分岐し,両者の共通の祖先は好熱ないし超好熱細菌であったことを示している(図7-3).

(2) 地球外生命の痕跡

生命体を構成している元素は多い順に,酸素(O),炭素(C),水素(H),窒素(N),カルシウム(Ca),リン(P),硫黄(S),カリウム(K),ナトリウム(Na),マグネシウム(Mg),塩素(Cl)となり,すべての生物はこの11個の元素で99.9%がなりたっている.これらの元素は超新星爆発によって星間空間にまき散らされ,星間ガスとなって惑星に取り込まれた.したがって,ほかの天体にも地球型の生命を誕生させる材料は整っているといえる.

生体有機物の起源を水星などの地球圏外に求める議論もあるが,それは地球以外にも種々の有機物が存在しているからである.事実,多くの隕石からアミ

ノ酸や核酸塩基などが検出されている．とくに1969年，オーストラリアのメルボルン北方に落下した炭素質コンドライトとよばれるマーチソン隕石からは，生命を構成する基本単位のアミノ酸や炭化水素，核酸塩基などの有機化合物や脂質で包まれた細胞膜に似た泡が発見されている．

　この隕石中の有機物の発見は，ユーリー・ミラーの実験が自然界でも行われていることを示し，また小惑星においても有機物の合成が普遍的に行われていたことを立証している．さらに，太陽系ばかりではなく，最近の電波望遠鏡による解析では，星間雲や彗星にもアルコールやエーテル，アミンなどの有機化合物が存在することが明らかにされている．

　銀河系には約2000億個の恒星がある．この恒星のまわりの惑星のなかに地球型の生命をもっている可能性のある星はどのくらいあるのだろうか．そのような星は100光年以内で2000万個もあるといわれている．現在，アメリカの宇宙開発局(NASA)を中心として，宇宙に存在する生命体の探査が行われている．また，宇宙生物学の分野では，地球の内部や熱水環境のような極限環境に生存する微生物の研究が行われ，宇宙の相同環境に存在するであろう生命の可能性を議論している．

8. 先カンブリア時代

　カンブリア紀以降の地質年代を顕生代(Phanerozoic)とよぶのに対して，カンブリア紀より古い時代は化石に乏しいことから陰生代(Cryptozoic)とよばれていた．また，この陰生代は地層の変形や変質が著しいために，細かな時代区分ができないこともあり，一括して先カンブリア時代(Pre-Cambrian)とされてきた．それはたんにカンブリア紀よりも前の時代という意味にすぎず，人類の歴史でいえば，記録書のない時代を先史時代というのと同じである．しかし，今日では地質年代の絶対値が算定できるようになり，約40億年という長い時代を先カンブリア時代とよび直している．そして，地球が誕生してから最初の生命が現れるまでを冥王代(Hadean)，原核生物から真核単細胞生物が現れるまでを始生代(Archeozoic)，真核単細胞生物から多細胞生物が出現するまでを原生代(Proterozoic)と3つの時代に分けている．これらの時代区分は「生」(zoic)の字が示すようにすべて生物の進化史をもとにしている．

8.1 原核生物の出現

(1) 化学合成細菌と光合成細菌

　初期の地球の海や大気には，分子として遊離した酸素は非常に少なかったと推定される．したがって，このころの生命体は，酸素を必要とせず嫌気呼吸によってエネルギーを得ていた細菌類で，主として周囲に存在する低分子の有機物から発酵により乳酸やアルコールをつくり出し，つぎに硝酸や硫酸を使ってエネルギーを生み出す従属栄養的な生き方をしていたと考えられている．このエネルギー生産のしくみはそれほど効率的ではなかったが，このしくみはその後も呼吸の基本的な反応系として，現在の生物にまで受け継がれている．

　このようなごく初期の従属栄養生物の増殖によって有機物が減少してくると，つぎに無機物の硫化水素や水素などの化学反応による酸化還元エネルギーを得

るしくみを獲得して，有機物を独自に自ら合成する最初の独立栄養生物の化学合成細菌が出現した．この化学合成によってエネルギーを獲得する細菌に続いて，光のエネルギーを利用して生体エネルギーを獲得する緑色硫黄細菌や紅色硫黄細菌のような光合成細菌が現れた．

　光合成細菌のなかには，酸素を発生するものと酸素を発生しないものとがあるが，初期の光合成細菌は光合成を行う器官はあっても，まだ酸素を発生させるまでには進化していなかった．これらの細菌類はいずれもモネラ界に分類される原核細胞からなる単細胞生物である．原核細胞は，細胞内の核が核膜に包まれずにむき出しのままで，染色体に組み込まれた遺伝子(DNA)やミトコンドリア，ゴルジ体，葉緑体などの細胞小器官もない単純な細胞である．

　これまでに知られている最古の化石は35億年前の細菌類で，南アフリカのオンフェルワクト層のチャートから産出している．

　カナダ，スペリオル湖北岸のガンフリント層は19億年前の主としてチャートからなる地層であるが，そのなかからも多くの微化石が発見されている．それらは球状あるいは繊維状の形態をした細菌類であり，大きさは $10 \mu m$ 以下で，現生の光合成細菌のシアノバクテリアや鉄バクテリア，マンガンバクテリアと酷似する原核生物とされている．

　これらの原核生物(Prokaryote)は真核生物(Eukaryote)が出現するまでの約15億年間を支配し，さまざまなタイプの細菌として発展していったと考えられている．

(2) 光合成による酸素の蓄積

　二酸化炭素から有機物を合成し，酸素を発生するシアノバクテリア(図8-1)の光合成反応は，緑色硫黄細菌と紅色硫黄細菌が合体してできたものと考えられている．はじめは酸素を発生しない光合成細菌が，どのようにして酸素を生産するようになったかについてはいまだはっきりしていない．しかし，このエネルギーの獲得方法は生物進化のなかでも画期的な出来事であったといえる．

　光合成細菌は光エネルギーによって二酸化炭素を固定し，炭水化物を生成する光合成を開発し，それまでのエネルギー効率の20倍も高いしくみを獲得した．光合成細菌は廃棄物としての酸素を放出し，海洋を酸素で汚染するという地球史上最大の環境変化を引き起こしながら，浅海域でますます増えていった．酸

84　第8章　先カンブリア時代

図8-1　現生のシアノバクテリア *Calothrix* sp. スケールバーは10μm.（富谷，写真）.

素は生命体にとって有害であり，それまで地球上を支配していた嫌気性の細菌類は放出された酸素によって酸化分解されるはめとなった．そして，酸素のない環境に逃げるか，生きられなくなって大量に絶滅した．このとき酸素の少ない深海に逃げて，硫酸イオンを硫化物に変えてエネルギーを得る細菌も出現した．嫌気性細菌の一部には，原ミトコンドリア細胞を細胞のまわりにくっつけて，いち早く酸素を解毒させることに成功したものも現れた．いわゆる外部共生である．おそらく，これが地球生命史に起きた「生物の最初の大絶滅とすみわけ」であったであろう．この嫌気性細菌と好気性細菌との入れ替えは27億年前ごろに起こったと考えられている．

　このような光合成細菌であるシアノバクテリアが大量に出現したのは，少なくとも27億年前ごろより以前であると推定されている．そのころから19億年前ごろにかけてストロマトライト（図8-2）が多産するようになるので，シアノバクテリアの活発な光合成によって海中や大気中に充分な遊離酸素が蓄積されたと考えられている．少なくとも，このころには大気中にも酸素が供給されはじめたであろう（図8-3）．この酸素の増加は，好気呼吸を行う従属栄養および独立栄養の細菌類を増加させ，その後の真核生物の大発展を引き起こす要因となった．さらに，酸素は紫外線によってオゾンに変わり，オゾン層は有害な紫外線

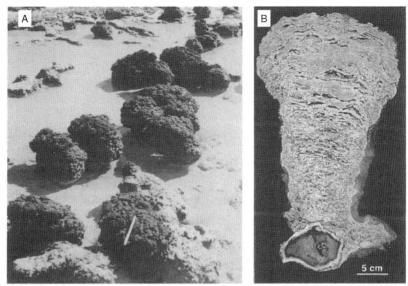

図8-2 ストロマトライト．A：先カンブリア代の「原始の海」を残しているといわれるハメリンプール（西オーストラリア，シャーク湾）の波打ち際に群生するシアノバクテリア．50-60 cmの岩体は干潮時に水面上に露出したストロマトライトで，黒色の原油をかぶったような岩体の表面は生育するシアノバクテリアである．（池谷，原図）．B：フリントの小石に付着して成長したストロマトライトの断面（ハメリンプール産）．Burne（1992）より．

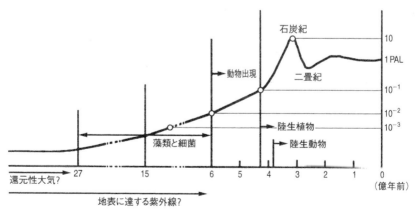

図8-3 酸素の増加量．1 PALは現在の大気中の酸素分圧（0.2 atm）を示す．松尾（1980）より改変．

> ### Box-6 ストロマトライト
>
> 　浅海底の砂粒や岩の表面に密生するシアノバクテリア(Cyanobacteria)のコロニー(集合体)は繊維状に伸びた粘液質の細胞を絡み合わせ，海水中に巻き上げられた砂や泥の微粒子や石灰質の固体微粒子をつぎつぎと吸着(付着)させながら成長する．このドーム状に成長した岩体がストロマトライト(Stromatolite)である．シアノバクテリアの成長は光合成によるため，ストロマトライトには日輪や年輪を示す同心円状の構造がつくられ，ときには大きな岩体を形成する．しかし，岩体の成長は非常に遅く，その成長率は年間 0.5 mm 程度といわれている．約 27 億年前から 6 億年前にかけて大量に形成された．カナダ中部のグレートスレーブ湖には，20 億年前のストロマトライトが湖岸に沿って 100 km 以上にわたって分布している．また現在でも，西オーストラリア，シャーク湾最奥部のハメリンプールやメキシコ湾のバハマ諸島などの浅海で形成されている．
>
> 　西オーストラリア，ピルバラ地域のストロマトライトがこれまでに知られている最古のものとされていたが，これはシアノバクテリアによるものではないことが最近の研究で明らかにされた．したがって，ストロマトライトは必ずしもシアノバクテリアの構築物ではない．そして，シアノバクテリアの起源はこれまでの 35 億年から 27 億年前に訂正された．

を遮断して生物の陸上への進出を可能にしたのである．このように光合成細菌による酸素の供給は，地球環境を大きく変化させただけでなく，生物自身の進化にも大きな影響を与えたといえる．

(3) 縞状鉄鉱層はなにを語るか

　人類がもっとも多量に使用している金属は鉄であり，その供給源のほとんどは先カンブリア代に形成された，シリカ(SiO_2)と鉄(Fe)に富む部分が規則的なラミナをつくっている縞状鉄鉱層である．この鉄鉱層の成因についてはいまだに謎の部分が多いが，1つの有力な説として「無酸素で還元状態であった初期の海洋に大量に溶けていた2価の鉄イオン(Fe^{2+})が，シアノバクテリアの光合成で発生した酸素(O_2)によって，酸化鉄(Fe_2O_3)となって海底に沈殿した」というモデルがある．しかし，シアノバクテリアによる光合成が活発であったとは考えられないグリーンランド，イスアの始生代初期(38億年前)の縞状鉄鉱層について

は,「海水面近くで光化学作用により酸化された」,あるいは,このような規則的な縞状構造の形成機構は「海底の熱水噴出によりつくられたもので,周期的な火山活動を反映している」という説もある.

縞状鉄鉱層は世界各地の大陸地殻に認められ,その埋蔵量は10^{14}t以上と見積もられ,世界の鉄鉱石の60%以上を供給している.西オーストラリアでは,地層の厚さが1500 m,その分布域は200 km四方にもおよぶ大鉱床が知られている.これらは始生代初期の38億年前にはじまり,25億-20億年前の原生代初期にもっとも大規模な鉱床を世界各地に形成した.しかし,この縞状鉄鉱層の形成は18億年前ごろより急激に減少しはじめる.海水中に溶けていた2価の鉄イオンがことごとく酸化されて海底に沈殿し,18億年前ごろには,海水中の鉄イオンが減少したと考えられるからである.鉄によって消費されていた海水中の酸素は,鉄がなくなったことで海水中に飽和し,やがて大気中に放出されはじめ,徐々に大気中の酸素濃度を高めていったと考えられている.これらの縞状鉄鉱層にともなって,しばしばストロマトライトが産出することから,大量の酸素を生産していたのはシアノバクテリアではなかったかとされている.

この縞状鉄鉱層を構成する鉄とシリカの1組の薄層を「季節的な変化を反映した年層(varve)」と考えることもできる.すなわち,「生物活動が活発な温暖期には多量の遊離酸素が生産され,それが鉄を沈殿させ,また寒冷期には陸から運ばれたシリカが沈殿した」というストーリーである.これらの堆積の場はその産状から浅海域であったと考えられている.

8.2 細胞内共生による進化

(1) 真核生物

多細胞生物の細胞はすべて遺伝物質のDNAが核内に収められ,膜で包まれた細胞内小器官(ミトコンドリアや葉緑体など)が存在し,有糸分裂を行っている真核細胞からなる.この真核生物の起源は,嫌気性の古細菌を宿主として,その細胞内に好気性の細菌が取り込まれて共生(シンビオシス symbiosis)するようになったことであると考えられている.ミトコンドリアや葉緑体はもともと独立した生物であり,それぞれ独自に増殖することができる.

化石で原核細胞と真核細胞とを見分けることはむずかしいが，一般に真核細胞(10-100μm)のほうが原核細胞(0.1-10μm)よりも大きいこと，そして細胞のなかに核やそのほかの細胞小器官の痕跡がみられるかどうかが同定の基準になっている(図8-4)．原核細胞から真核細胞への進化がいつごろ起きたかは不明であるが，15億年前から14億年前ごろを境に，細胞の大きさが急激に変化することが知られている．すなわち，それ以前の数μmに対して，14億年前以降では十数μmの細胞が増加している．19億年前のガンフリント層のなかに真核細胞らしきものがあると主張する人もいるが，それらはすべて鉄バクテリアやマンガンバクテリアなどの原核生物とされている．

疑いなく真核細胞であると同定された化石は，約9億年前のオーストラリア中央部，アリス・スプリングのビッター・スプリング層から発見されたものである．チャート層中から発見されたそれらの微化石には減数分裂したラン藻類

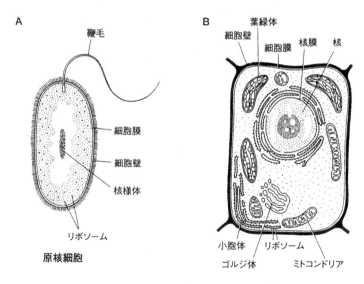

図8-4 原核細胞と真核細胞．生物界は細胞の構造の違いにより大きく原核生物と真核生物に分類される．原核生物(細菌)はさらに真正細菌(バクテリア)と古細菌(アーキア)とに分かれる．真核生物には単細胞の原生生物から，真菌，植物，動物などの多細胞生物までが含まれる．A：原核細胞のDNAは，核膜をもたない核様体とよばれる状態のまま，裸で存在する．大きさは0.1-10μm．B：真核細胞のDNAは核膜をもつ核のなかに収められ，ミトコンドリア，葉緑体，ゴルジ体などの細胞小器官をもつ．大きさは10-100μm．

に似た多数の球状体が含まれ，なかには細胞の内部に核と有糸分裂の状態を示す痕跡が識別された．しかし，最近になって，ミシガン州北部のネゴーニー鉄鉱層から発見された直径1 mm，長さ9 cmのラセン形をしたグリパニア(*Grypania*)が真核生物の藻類に同定されたので，真核生物の起源は21億年前にさかのぼることになる．

(2) **酸素呼吸のはじまり**

海中や大気中に遊離酸素が大量に供給されると，それまで生物にとって有毒物質であった酸素による毒性を解毒する酵素を開発した細菌は，今度は酸素を積極的に取り込んで糖分をつくり，それをエネルギーとCO_2に換えるしくみを開発した．そして，生物は酸素呼吸へと大きく転換し，多くの好気性細菌が進化しはじめる．この酸素呼吸は，現在の多細胞生物の細胞内ではミトコンドリアとよばれる細胞小器官が行っている．分子進化学的に推定されたミトコンドリアの起源は，約17億-15億年前で，地球上に酸素が蓄積されはじめた時期とほぼ一致する．酸素呼吸はエネルギー生成率が飛躍的に高いので，多細胞生物への進化を成功させるうえで重要な鍵になったと考えられる．酸素から高エネルギーを得た生命は細胞を大型化させ，運動能力を飛躍的に増大させていった．この過程は多細胞化への原動力となり，生物相を一変させる契機ともなった．また，大気中での酸素の蓄積はオゾン層の形成を促進し(現在の酸素濃度の1000分の1でオゾンはできるといわれている)，生物の組織を破壊する太陽からの紫外線を遮った．このことによって，その後の生物の繁栄がさらに加速されていった．

(3) **ミトコンドリアと葉緑体**

細胞内のミトコンドリアや葉緑体は，「宿主となった細胞に好気性細菌とシアノバクテリアが入り込んで共生したものである」という仮説が，アメリカ，マサチューセッツ大学のマーギュリス(Margulis, L.)によって1970年に提唱された．その後，ミトコンドリアや葉緑体は，核とは独立に独自の遺伝子(ミトコンドリアDNA)をもっていることや，細胞膜と同様の膜で囲まれていることなどが知られ，多くの細胞内共生を支持するデータが蓄積され，「細胞内共生説」はいまやゆるぎないものとなった．

細胞内でエネルギー生産を支える役割を果たしているミトコンドリアは，もともとは好気性細菌の一種であったが，硬い膜をもたない嫌気性細菌のなかに侵入して，それらを食べはじめた．侵入された細菌は防護のために侵入者を膜で囲い込み，核膜のなかに閉じ込めた．これが細胞の小器官であるミトコンドリアになったと考えられている．宿主となった細菌は，細胞質でつくられたタンパク質を提供する代わりに呼吸をミトコンドリアにまかせ，高性能の酸素呼吸能力を一挙に獲得して，エネルギー効果を高めた．さらに，細胞核は遺伝子としてのミトコンドリアの分裂を制御し，細胞をより精密な構造につくり変えていった．

他方，光合成を行うシアノバクテリアを取り込んだ細菌はこれを葉緑体(色素体)に変えていった．この変革がいわゆる紅藻類や緑藻類の出現となった．さらに，藻類はほかの真核生物に共生することによって宿主を「植物化」させ，異

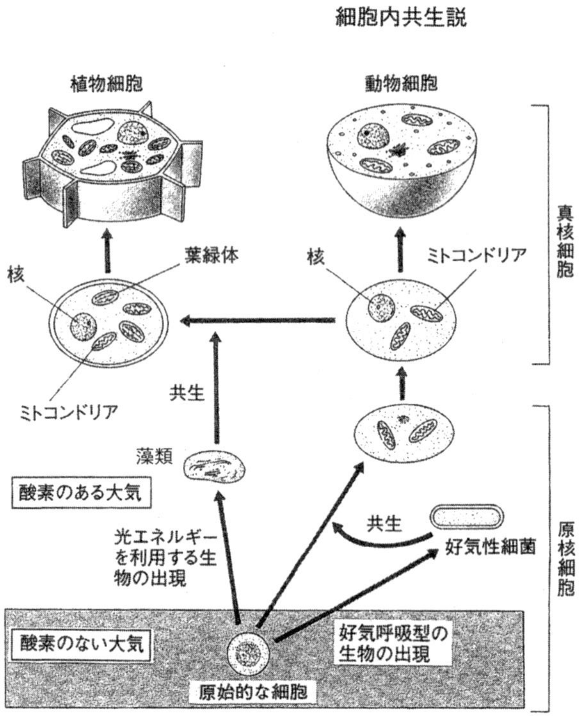

図8-5 共生による細胞の進化．

なる種類の藻類を誕生させていった．その後，緑藻の一部は陸上植物に進化していった．

　真核生物がいつごろ地球上に出現したかはまだはっきりとはしていないが，性質の異なる原核生物の細胞内共生によって，機能の分業がはかられ，動物細胞と植物細胞のもととなる原真核生物が生まれたと考えられている(図8-5)．この原核生物から真核生物への移行には約15億年という歳月がかかっている．このように独自に開発された別の機能を合体させて，新しいシステムをつくり出す共生こそが生物進化を飛躍的に促進させたと考えられる．つぎに真核生物は減数分裂によって，「2つの遺伝子を組み換えて子孫をつくる」という有性生殖のしくみ，すなわち「性」を開発し，進化速度をますます速めていった．

8.3 多細胞生物の出現

(1) エディアカラ生物群

　現在の北アメリカを中心とする最初の超大陸ローラシア(Laurasia)が出現したのは19億年前であるが，その後，この大陸は約4億年ごとに分裂と合体を繰り返してきた．この超大陸の形成周期に合わせて氷河が発達したり，海面変動が引き起こされ，生物に大きな影響をおよぼしてきた．先カンブリア時代の末期(約6億年前)に，気候はそれまでの寒冷から温暖化に向かいはじめ，超大陸は再び分裂をはじめた．大陸の割れ目に進入した海水によって浅い海の環境が形成されていった．海進時に堆積した地層の特徴を示す海進相が，この時代の世界各地の地層からみつかっている．

　オーストラリア南部のフリンダース山脈(アデレードの北方500 km)のエディアカラ丘陵の5億7000万年前のパウンド(Pound)ケイ岩から大量の化石群が印象化石として発見された．この化石群に共通してみられる特徴は，浅海の強い波浪の下で堆積したケイ質砂岩にはさまれた，泥質の薄いラミナの堆積面上に産出することであり，またそのすべてが印象化石からなることである．多様な形態をもちながらも，まったく生物体が保存されていないことは，これらの生物にはまだ，硬い殻や骨格が発達していなかったことを示している(図8-6)．骨格をもつ生物が出現するのはカンブリア紀(5億4000万年前)に入ってからのこ

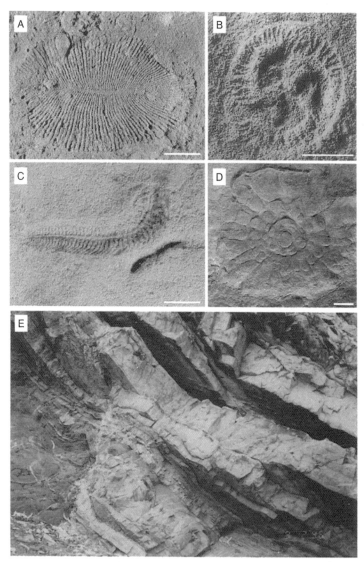

図8-6 エディアカラ生物群．A：環形動物の多毛類に近いディッキンソニア(*Dickinsonia*)．B：棘皮動物の5放射体制に対して3放射からなるトリブラキディウム(*Tribrachidium*)．C：頭部と尾部がはっきりした体節をもつスプリギナ(*Spriggina*)．D：刺胞動物のクラゲに似たサイクロメデュサ(*Cyclomedusa*)．スケールは1cmを示す．E：エディアカラ生物群を含むパウンド(Pound)ケイ岩の露頭．(池谷，原図)．

とである.

　この生物群がそれ以前の生物と大きく異なるのは、体のサイズが異常に大きく、しかもシート状に薄いことである。それ以前の化石がすべて顕微鏡サイズであるのに対して、数cmから十数cmの体長をもつものが多く、最大1mに達するものも知られている。

　カンブリア紀に産出する多くの種類の動物群から類推して、それらの祖先はすでに先カンブリア時代に出現していたはずである。しかし、それらが発見されないのは、まだ硬い殻が発達していなかったために、化石として保存されないのであろうと考えられていた。したがって、このエディアカラ(Ediacara)生物群の発見は現生の動物群につながる祖先をついに突き止めたかに思われた。一方では、クラゲのようなジェリー質の生物が粒子の粗い砂岩中で化石になるとは考えにくいこともあって、これらすべてが疑似化石とみなされたこともあった。その後、この化石群を再検討したオーストラリア、アデレード大学のグレッスナー(Glaessner, M. F.)は、それらのすべてが未知の分類群であるとしながらも、これらの化石の多様で奇妙な形態群を後生動物と比較し、海綿動物や刺胞動物、環形動物、節足動物などの現生動物の分類体系に組み入れ、エディアカラ生物群とよんだ。

　しかし、最近になって、「エディアカラ生物群の大半は現在につながる多細胞生物(後生動物)の祖先ではなく、未知の生物である」という見解がドイツ、チュービンゲン大学のザイラッハー(Seilacher, A.)によって提出された。化石の綿密な復元作業の結果、ディッキンソニア(*Dickinsonia*)のような大型のものでも、その体厚は数mmから1cm程度と薄く、全体が薄い袋にたくさんの縫い目(隔壁)をつけたキルト状の構造をしていることが明らかにされた。さらに、生物体には前後の軸がなく、摂食器や消化器、循環器などの内部構造がみられないことを理由に、「後生動物とはいえない」と結論された。動物というよりはまるで菌類のような、また多細胞というよりは多核だった可能性もある。化学合成細菌との共生も考えられるが、酸素や栄養分は細胞表皮から取り込み、細胞内の拡散によって体内輸送していたらしい。大型の生物にとって、体内の物質を拡散によって輸送する手段は効率的ではない。しかし、扁平な体なら、大型化しても表面積に対する体積はさほど増加しないので、表皮から取り込んだ物質をキルト構造の小さな空間内に拡散することは充分可能であると思われる。そし

て，扁平なキルト状の形態をもつことによって，当時はまだ少なかったであろう海水中の溶存酸素を効率よく摂取していたと考えられる．これらのキルト状の生物をヴェンド生物(Vendobiota)とし，「真核生物の第4の界，ヴェンド生物界(Vendozoa)を新しく設けるべきである」との提案もあるが，その分類上の位置づけについてはいまだ決着していない．すなわち，動物なのか植物なのか，あるいはまた，単細胞なのか多細胞なのかすら不明なのである．したがって，エディアカラ動物群とするよりも「エディアカラ生物群」とよんだほうが適当かもしれない．

　エディアカラ生物群は形態の構造から，キルトの縫い目である仕切が連続的に配列するものと，葉脈のように枝分かれしているものとに2分され，また産状や機能形態学的考察から，その生態は3つの生活型に分化していたと推定されている．すなわち，運動能力をもたない扁平な体を海底面に横臥させるか，茎の部分についた重りで葉状体を海底から直立させるか，または，葉状体の茎の部分を堆積物に埋めるかして，浅い海底に付着するように生活していた．この時代に，これらの2つの形態群がそれぞれ3つの生活型にすでに分化していることは，環境に対する生物の適応戦略や生態的地位獲得の過程を示すものとして興味深い．しかし，これらの生物はこれまでに数十種類ほどしか発見されていない．多様化はまだそれほど進んでいなかったといえる．

　エディアカラ生物群が栄えた先カンブリア時代最後の約4000万年間を，この生物群を含む地層の層序学的研究が進んでいるロシア盾状地のヴェンド(Vend)層にちなんで，ヴェンド紀(Vendian)とよんでいる．先カンブリア時代の末期に形成された多様な環境をもつ浅海域は，これらの生物にとって酸素を得るにも，また陸水からの豊富な栄養塩類を得るにも適した場所であったであろう．さらに，これらの化石が捕食痕もなく大量に保存されていることから，軟らかい体しかもたないキルト状の生物を脅かすような捕食者も，また屍肉者もいない，まさに平和な楽園であったことを示している．この時代の世界各地の地層から同じような印象化石が多産することは，これらの生物が地球上に広く繁栄していたことを物語っている(図8-7)．

　この楽園は4000万年しか続かなかった．カンブリア紀のはじまりを境にエディアカラ生物群は突如として姿を消してしまう．なぜ絶滅したのか．考えられることは強力な捕食者が現れたことである．その捕食者はいまのところ特定さ

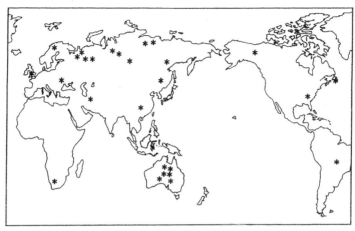
図 8-7　エディアカラ生物群の分布．森田(1996)より．

れてはいないが，捕食を示唆する 2 mm ほどの鋏か鉤爪と思われる化石が，先カンブリア時代の最末期からカンブリア紀初期の地層から発見されている．硬い殻をもたず，また運動器官をもたないキルト状の生物は，新しく出現した捕食者に対して，なんらなすすべがなかったに違いない．被食者が生き延びるためには，捕食者から逃れるために運動器官を発達させるか，防御するための外骨格を発達させるか，あるいは堆積物中に潜るか，なんらかの戦略をとる必要があったであろう．

　それではカンブリア紀になって爆発的に登場する骨格をもった後生動物は，いったいどこから由来したのだろうか．それらはすでに先カンブリア時代にいたはずである．ヴェンド紀の生物がすべてキルト状の生物であったわけではなく，少数派ではあったが，腔腸動物のイソギンチャクに似たネミアナ(*Nemiana*)やプロトリエラ(*Protolyella*)などは後生動物であった可能性が高い．これらに類似した化石はカンブリア紀以降の地層からも発見されている．

(2) 先カンブリア時代の生痕化石

　このほかに見落としてはならないのが，先カンブリア時代のもう1つの生命の記録である生痕化石の存在である．南アフリカやヨーロッパ北部，南アメリカ，インドなどから，生痕を残した生物の実体はみつかっていないが，底生生物の「這い歩き跡」や「食い歩き跡」に似たものが発見されている．また，堆

積物摂取動物の存在を示す排泄物の糞粒(糞化石)もみつかっている．これらの事実から，多種類の多細胞動物が存在していたことは確かである．それでは，多細胞動物の出現はいつごろからなのか．中国北部の8億4000万年前の地層から蠕虫類が，また北オーストラリアの8億年前の地層からは環形動物と思われる穿孔生物の生痕化石が発見されているので，不明確な点もあるが，「おおよそ10億年前くらいに多細胞生物が出現した」とみるのが妥当であろう．これらの生物の子孫がつぎの時代，カンブリア紀の生命大爆発を引き起こしたかもしれない．

9 古生代——三葉虫の時代

　化石記録がきわめて乏しい先カンブリア時代を陰生代とよんでいるのに対して，化石が豊富に産出するカンブリア紀以降の時代を顕生代とよんでいる．先カンブリア時代末期のエディアカラ生物群では，化石種はわずかに五十数種ほどで，しかも硬組織をもつものはごくかぎられていた．ところが，カンブリア紀に入ると，一挙に8000種以上もの生物が記録され，硬い殻をもったものも多く出現するようになる．

　古生代は5億4000万年前から2億5000万年前の時代で，この時代の初期に起こった生物の爆発的な多様化は，海中の酸素濃度が急速に高まったことと，生物活動に必要なリン酸や硫黄などの無機塩類が陸地から海洋に大量に溶け込んだためであろうと考えられている．

　古生代は三葉虫で代表される無脊椎動物の全盛時代であり，この時代の前半で，現生する無脊椎動物のほとんどすべての祖先が出そろっている．そして，この時代の後半になると，生物は海から陸に進出しはじめ，陸上では巨大なシダ植物が大森林を形成し，動物たちも水辺から出て，陸上での生活の場を拡大していった．

9.1　多細胞生物の大爆発

(1) カンブリア紀

　5億4000万年前にはじまった古生代の最初の「紀」であるカンブリア紀は，生物進化史上でもっとも華々しい時代である．地球上には，炭酸カルシウムやリン酸カルシウム，あるいはケイ質の骨格をもった多細胞動物が一斉に現れ，多様化していった．この現象を「カンブリア紀の生命大爆発」とよび，カナダのバージェス頁岩動物群や中国の澄江化石群によって代表される．化石記録をみるかぎり，それは古生代初期のわずか1500万年という非常に短い期間のでき

ごとであった.

　カンブリア紀がはじまった初期のころ，分類学的には所属不明であるが，小さな殻をもった生物がはじめて現れ，それに続いて軟体動物や腕足動物，海綿動物に近縁な古杯類などが現れ，さらに棘皮動物や節足動物の三葉虫類が続いて出現した．これらの仲間とともに，現在の分類群にはおよそ属さない生物も多く出現したが，それらの子孫は今日まで継続していない．その後，数千万年という短い期間に，現在，認められるような無脊椎動物の大部分の門(Phylum)の祖先が出そろった．これらの祖先は，それ以降，地球上のあらゆる環境に適応放散していった．カンブリア紀以降，5億4000万年にわたる生物の形態進化の速度はそれ以前の先カンブリア時代に比べて飛躍的に高くなっていった．

　カンブリア系(紀)(Cambrian)はイギリス，ウェールズ地方を模式地として1835年，セジウィック(Sedgwick, A.)により，ウェールズの古称，ラテン語のカンブリアに因んで命名された．先カンブリア代とカンブリア紀の境，すなわちカンブリア紀のはじまりをどこにおくかについては，長年にわたって議論されてきたが，最近，カナダのニューファウンドランド東部の生痕化石フィコデス・ペダム(*Phycodes pedum*)の出現をもって，カンブリア系の基底とすることで決着した．

　カンブリア紀は，この時代にもっとも繁栄していた三葉虫類によって3つの化石帯(上部 Olenidian, 中部 Paradoxidian, 下部 Olenellian)に分けられている．

(2) 殻をもった生物の出現

　先カンブリア時代の末期に，肉眼サイズの多細胞生物として最初に地球上に現れたエディアカラ生物群のなかには，殻や骨格のような硬組織をもった生物はいなかった．しかし，カンブリア紀に入ると，リン酸塩の殻をもった1mm以下の微小な化石群が出現しはじめる．これらはシベリアやオーストラリアのカンブリア紀の最下部層から発見され，円錐状あるいはコイル状の形態をもち，蠕虫類や毛顎類の身体の一部であると考えられているが，その実体についてはまだ不明なところが多い．これらの化石群を称して，小有殻化石群，または「トモティアン動物群」(Tommotian Fauna)とよんでいる．

　硬組織をもつ最初の生物は，このようなリン酸塩の殻を主体とするものであったが，その後は，炭酸塩の殻をもつ腕足動物や古杯類などの丈夫な体骨格を

もったやや大型の生物群が急速に発展していった．この変化は，カンブリア紀初期の地球環境と密接に関係していたと考えられている．すなわち，カンブリア紀の初期には，氷河作用や地殻変動にともなって深海からリン酸塩に富む水塊が湧昇していたが，その後，ラン藻類の急激な減少にともなって海水中の二酸化炭素濃度が増加したことによって，カルシウムイオンの固定が促進された．

生物硬組織の構成元素であるカルシウムイオンは動物の神経系や筋肉系の発達にとって重要な元素であり，生物の殻や骨格は，最初，これを備蓄する組織として形成された．その後，これらの硬組織は，生物体の大型化にともなう体制の支持や運動量の増大にともなう神経系や筋肉系の保護，とくに捕食者の出現による捕食からの回避や防御としての役割を付加させるようになったと考えられる．

カンブリア紀動物群の特徴は，捕食動物が出現したことと，この捕食者に対抗するためのさまざまな工夫が施されたことである．エディアカラ型の軟組織のみからなる生物群の化石は，カンブリア紀のはじまりとともに，まったく産出しなくなる．これに代わって，硬い骨格をもつ生物が登場し，またこれまでの生痕にはみられなかった多様化した形態の生痕が発見されるようになる．つまり，それまでの地層面に対して平面的であったものから，地層面下に三次元的に深く刻まれたものが多産するようになる．このことから，カンブリア紀以降の生物が生き延びていくには，自らが外骨格で防御するか，運動能力を増すか，あるいはまた堆積物中に潜って身を隠すかの戦略をとらざるを得なかったと想像される．捕食者もまた，それらに対抗して進化していったに違いない．このようにして，カンブリア紀以降の生物進化に，それ以前にはなかった捕食者と被食者との駆け引きをもち込むことになった．

骨格を形成する生物として注目すべきことは，造礁性の生物が出現してきたことである．最初の造礁生物はカンブリア紀の初期（三葉虫が大繁栄する以前）に出現した炭酸カルシウムの骨格をもつ海綿に酷似した古杯類（アーケオシアタス Archaeocyathids）であった．古杯類はコップ（杯）状の形態をした直径3cm，高さ10cmほどの大きさであるが，暖かい浅海に群生して大規模な礁を形成していた．種・属としての寿命は短く，カンブリア紀中期の前半には絶滅してしまった．そして，つぎのオルドビス紀中期になると，この古杯類の生態的地位は層孔虫（ストロマトポロイド Stromatoporoids）や石灰藻，クサリサンゴやハチノスサ

Box-7 造礁生物

　礁を形成する生物はラン藻類にはじまり，古杯類，層孔虫類，石灰藻類やサンゴ類である．このなかで，現在繁栄しているサンゴ類は約2億年前に出現した六射サンゴであり，それ以前の床板サンゴや四射サンゴは古生代の一時期だけ栄えて絶滅している．サンゴ礁は造礁性のサンゴ虫の集合体(群体)で形成される．サンゴはポリプ(刺胞)で動物性のプランクトンを餌として取り込み，造石灰細胞で海水中のカルシウムイオン(Ca^{2+})と炭酸イオン(CO_3^{2-})や炭酸水素イオン(HCO_3^{-})から炭酸カルシウムの殻を分泌する．光合成を行う褐虫藻との共生関係から，光の届く透明度の高い，暖かい浅海(水温20℃以上，水深50 m以浅)に繁殖する．現在のサンゴ礁は赤道をはさんで南北ほぼ30°の緯度帯に分布し，地球環境のなかでは，二酸化炭素を吸収して酸素を放出する重要な生態系を形成している．

　サンゴ礁はまた，小さな生きものが築き上げた巨大な石灰岩体で，生物がつくった地球最大の構築物ともいえる．オーストラリア大陸の北東岸に沿って2000 kmも連なるグレート・バリア・リーフは世界最大のサンゴ礁である．

ンゴに置き換えられてしまう．その後，これらの造礁性の生物はシルル紀からデボン紀にかけてもっとも繁栄し，地球上の各地に広大な石灰岩体を形成した．そこでは腕足類や頭足類，ウミユリ類など多彩な無脊椎動物が繁栄していた．北西オーストラリアのキンバリーや北極圏には，デボン紀の層孔虫によってつくられた広大な石灰岩礁が露出している．石炭紀とペルム紀の海では，四射サンゴが礁をつくり，ここで原生生物である有孔虫類の紡錘虫(フズリナ Fusulinids)が大発展したが，古生代の末には絶滅している．

(3) 生物の大爆発

　先カンブリア時代末期のヴェンド生物群は硬組織をもたず，種類もわずか数十種にすぎなかった．これに対してカンブリア紀では，多くの有硬骨格生物が出現し，1万種を越える化石が発見されている．生物はこの時期に突如として爆発的に多様化していったことを示している．これらの様子はカナダ，ロッキー山脈で発見された，カンブリア紀初期(5億3000万年前)のバージェス頁岩層にみることができる(図9-1)．

図9-1 バージェス頁岩層とその化石．A：バージェス頁岩層（カナダ，ロッキー山脈）の露頭で化石を発掘しているウォルコット．B：ほぼ完全に保存されたオパビニアの全身化石．C：アノマロカリスの口器（発見当時はクラゲとされていた）．Walcott(1916)より

「バージェス頁岩動物群」(Burgess Shale Fauna)は動物体の細部の形態までよく保存され，これまでに120属，140種からなる約10万個体の標本が採集されている．ところが，そのうちの82属については現生の無脊椎動物群の祖先と考えられるが，残りの約40属については，その大部分が1属1種からなり，しかも現在の生物分類体系のどの門(Phylum)にもあてはまらない，所属不明の奇妙な形態をした動物を多く含んでいる(図9-2)．

個体数からみると節足動物が圧倒的に優勢であるが，そのうち三葉虫の占める割合は，この時期はまだ4.5％と低い．三葉虫のなかには体表が石灰化していないものも含まれ，化石群のなかで殻をもつ生物は属の単位で20％程度，個体数ではまだ数％程度と少なかった．また，所属不明の属は個体数のうえでは少数派であることがわかる．

これらの動物群の生態は，カンブリア紀のはじまりを境にして，量的にも質的にも多様化してくる生痕化石の記録から読み取ることができる．それまでの

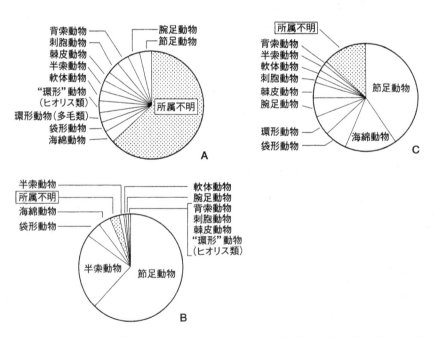

図9-2 バージェス頁岩動物群の構成．A：門レベルでの出現頻度(総数30)(既存の門に所属しない動物が多い)．B：門レベルでの個体数頻度(総個体数39809，個体数では節足動物が群を抜いて多く，半索動物がこれに続く)．C：各門に所属する属の数(総属数107，節足動物の属がもっとも多く，海綿動物がこれに続く)．森(1993)より．

地層面上に細かい食い跡しか残さなかった生痕化石が，地層面に対して三次元的な模様を刻み込むようになる．これは堆積物食あるいは懸濁物食の表生型底生動物(epifauna)に加えて，海底面下の堆積物を深く掘って生活する内生型底生動物(infauna)が出現してきたことを示している．強力な爪や顎で襲いかかる捕食者に対して，堆積物中に潜って避難するものが出現してきた証拠であろう．この内生型底生動物によって堆積物が耕され，堆積物中には海底表層部の栄養分が運び込まれ，それによってさらにほかの生物も進入してきたと考えられる．

生物の爆発的な多様化を促した環境要因としては，多細胞動物の骨格形成に必要なコラーゲン(タンパク質)の合成に不可欠な酸素の濃度が増加したことがあげられる．また，生物はこの時期に世界的規模で起こった海水準の上昇による海域の拡大にともなって増大した生活空間と，それまでに空いていた新しい生態的地位(niche)に適応放散していった．このようにして多様化していった生物は，現在よりも多い動物門を構成していた．これらの一部は現生の後生動物の祖先となって生き延びることができたが，大部分のものは生物の歴史の初期の段階で急速に淘汰され，カンブリア紀末期には絶滅している．この生物の大爆発と絶滅という壮大な生物進化のドラマのなかで，いったいなにが起きたのであろうか．私たちは，そこに生物進化の試行錯誤の様子を読み取ることができる．

カンブリア紀はまさに「生命進化の実験期」であったといえる．すなわち，生物は，初期の実験段階では多種多様な異質のデザインを生み出すことができたが，その後の生物の多様化は，生き残ったデザインによって規制され，ある限定された範囲内でしか進行しない．そして，この時代，生物の生き方が生物のかたちを決め，少なくとも動物の基本的なデザインはすべて出そろったといえる(図9-3)．

「進化とは，一度はじまると止まることのないゲームである」といわれるように，ある環境に適応した生物が出現しても，別の生物の進化によって，それは変化してしまう．すなわち，捕食のために攻撃の機能を備えたとしても，それに対抗する防御の機能を備えたものが進化してくる．この攻撃と防御の競争は永久に終わりのない戦いであり，生物の多様化を加速する1つの要因となっている．

バージェス動物群のなかで，後の時代の脊椎動物への道を開いたとされる脊

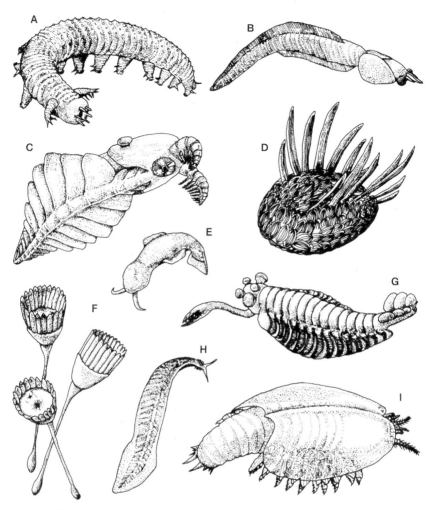

図9-3 多様な形態をしたバージェス頁岩動物群．A：アイシェアイア(*Aysheaia*)は有爪動物で，6-7本の触手をもつ口と節のある円筒状の胴体に10対の肢がある．B：ネクトカリス(*Nectocaris*)は所属不明の生物で，エビのかたちをした体の前半部は節足動物，魚のかたちをした後半部は背中と腹に帯状の鰭をもつ脊索動物のようである．C：アノマロカリス(*Anomalocaris*)は捕食動物で体長60cm，2本の触手と14対の体節に鰭をもち，円盤状の独特の構造をした口と歯をもったこの時代の最大で最強の生物である．D：ワイワクシア(*Wiwaxia*)は体長2-5cm，背面に多くの鱗状のプレートと10本ほどの鋭い刺をもった底生腐食生物である．E：アミスクワイア(*Amiskwia*)は所属不明の遊泳生物で，頭部に突き出した1対の触手と胴部の側面に1対の鰭と末端部に尾鰭をもつ．F：ディノミスクス(*Dinomischus*)は所属不明の固着生物で，全長2.5cm，先端部に約20個の葉状の触手をもち，球根状の基部で海底に固着する．G：オパビニア(*Opabinia*)は所属不明の生物で，体長7cm，5つの目をもち，前頭部に餌をつまみ上げるための先端が爪状に分かれたゾウの鼻のようなノズルをもち，15の体節には水平な鰭をもつ．H：ピカイア(*Pikaia*)はナメクジウオに似た脊索動物で，5cm弱，背面に沿って1本の筋(背索)をもち，神経系を発達させたことが生き延びるのに役立ったかもしれない．I：カナダスピス(*Canadaspis*)は体長7.5cmの甲殻類で，背中は二枚貝に似た背甲で覆われ，頭部に2対の触角をもち，8つの体節からなる胸部には対になった歩脚と鰓脚がついている．Gould(1989)より改変．

索動物のピカイアがすでに出現していたことは特筆される．

Box-8 バージェス頁岩動物群

1909年，アメリカ，スミソニアン研究所の所長であったウォルコット(Walcott, C. D.)によって発見された．バージェス頁岩層は，カンブリア紀初期(5億3000万年前)の厚さ約310mにおよぶステフェン(Stephen)累層に属し，化石の密集帯は厚さわずか2mのフィロポッド(Phyllopod)層に限られている．頁岩は，一般的には比較的深い嫌気的な海底でゆっくりと時間をかけて堆積する．しかし，この化石群の産状をみると，それぞれの個体が堆積面に対してさまざまな方向を向いて埋没し，しかも通常では化石として残らないような軟体部の細部の形状までが，薄く押しつぶされてはいるものの，完全に保存されている．このように産状はきわめて特異なものであった．さらに，光合成をしていた数種類の藻類も同時に産出し，またそこには生痕化石がまったくみられない．これらのことから，この化石群はもともと酸素の豊富な浅海の泥底に生息していた生物群であったが，あるとき，海底地滑りなどによって一瞬のうちに堆積物とともに深海に運ばれ，急速に埋没したのではないかと考えられる．このように深海の嫌気的な環境下で，バクテリアなどによる分解からもまぬがれ，波浪などの影響も受けずに化石化したのであろう．

ウォルコットによる精力的な調査と膨大な標本の収集がなされ，分類学的研究が行われたが，これらの化石の大部分を彼もまた，現生の分類体系の下に位置づけてしまった．それから八十余年を経た今日，これらの化石はイギリス，ケンブリッジ大学のウィッチントン(Whittington, H. B.)やコンウェイ・モリス(Conway Morris, S.)らによってくわしく分析され，脚光をあびることになった．

この動物群は世界各地(三十数カ所)から報告されており，汎世界的に生息していたことが知られている．なかでも中国，雲南省の澄江(チェンジャン)化石群は，バージェス化石群よりも1000万年ほど古いカンブリア紀前期の層準から産出しており，これらの動物群の初期の進化を解明するうえで注目されている．

9.2 脊椎動物の出現

(1) オルドビス紀

　オルドビス系(紀)(Ordovician)はイギリス，ウェールズを模式地とし，1879年，ラプワース(Lapworth, C.)により，そこに住んでいた部族の名をとって命名された．オルドビス紀に入ると，カンブリア紀の浅海底に繁栄していた動物群，すなわち，古杯類，三葉虫，殻に蝶番のない腕足類，原始的な軟体動物の単板類などが衰退しはじめ，それらはカンブリア紀の終末には激減してしまった．つぎに，これらの動物群に代わって出現してきたのが殻に蝶番をもつ腕足類であり，層孔虫や床板サンゴ，ウミユリ，コケムシなどが礁を形成し，これらは古生代末の大絶滅事変まで繁栄した．

　ピカイアの子孫はやがて背索を脊椎に進化させ，魚類を誕生させた．体全体を貫く支え(脊椎)をもつことは尾を動かすことを可能とし，運動能力を向上させた．そして，魚類の骨はリン酸カルシウムでつくられ，丈夫で遊泳能力を高めた．

　地球上に最初に現れた脊椎動物はアランダスピス(*Arandaspis*)のような顎と歯のない魚(無顎類)であった．それらの頭部はリン酸カルシウムを沈着させた硬い2枚の骨板(外骨格)で包まれていたが，鰭がないために泳ぎは鈍かった．この時代に魚類と平行して進化したのが軟体動物の頭足類であるアンモナイトの祖先にあたるオウムガイ(ノーチラス *Nautilus*)の仲間であった．オウムガイは「生きた化石」といわれ，その祖先である直角貝(オルソセラス *Orthoceras*)は体長数mのものも知られており，魚類にとっては驚異の捕食者でもあった．しかし，つぎのデボン紀には衰退して，アンモナイト類に引き継がれた．また，クモやサソリの祖先である節足動物のウミサソリや生きた化石のカブトガニもこの時代に繁栄した．

　特筆すべきことは，原索動物に分類されている筆石類(Graptolitoidea)と錐歯類の出現である．前者の多くは浮遊性で群体をなし，そのキチン質の外殻が部分化石として黒色頁岩中に産出することが多い．また，後者はリン酸カルシウムからなる歯状の微小な部分化石で，コノドントとよばれ，頁岩やチャート，石灰岩中に産出する．両者はいずれも進化速度が速く分布域が広いので，地層の

対比にうってつけな示準化石となっている．

(2) 脊椎動物の骨格の進化

脊椎動物は背骨（背柱）をもつ動物の総称であり，その体制の特徴は体の背中側に脊索という紐状の器官が前後方向に走り，その脊索の上に神経管が，そして下には口から肛門にいたる腸管が通っていることである．この脊索のまわり

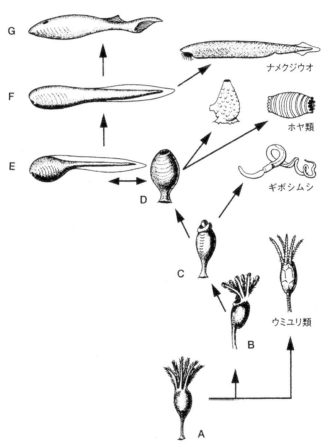

図9-4 脊椎動物の起源と進化（ローマーの説）．A：海底に固着して触手を使って捕食していたコケムシ類のような祖先から，B：触手と鰓をもつ翼鰓類を経て，C：鰓による捕食に転換し，D：多数の鰓孔をもつホヤ類に進化し，E：尻尾に脊索をもち，自由遊泳するホヤ類の幼生から，F：ナメクジウオ型の原索動物になり，G：原始的な脊椎動物に進化した．Romer(1959)より改変．

に軟骨や骨からなる椎骨が形成され，これが脊柱をつくっている．この脊椎動物のなかで，頭の先端から尻尾まで脊索のあるナメクジウオ(頭索類)や幼生時のみに尻尾に脊索をもつホヤ(尾索類)を原索動物という．また，原索動物と脊椎動物とを合わせて脊索動物とよぶこともある．

カンブリア紀中期のバージェス頁岩層からは，ナメクジウオに似たピカイアという最古の脊椎動物が発見されている．また，カンブリア紀初期から三畳紀にかけて産出するコノドントは，原索動物の捕食器官の一部と考えられている．

この脊索の進化にはどのような過程があったのであろうか．コケムシ類のような触手で餌をとっていた固着生活型の祖先から，つぎに触手と1対の鰓孔をもつ翼鰓類(よくさい)が出現し，多数の鰓孔をもつホヤ類に進化した．その後，尻尾に脊索をもつホヤ類の幼生(幼生時だけ自由遊泳する)が，幼生の形態を保持したまま進化してナメクジウオ型の原索動物となった．そして，頭部に目，鼻，耳という感覚器と脳を発達させ，脊椎動物へと進化していったというシナリオである(図9-4)．

もっとも原始的な脊椎動物は顎のない魚で，無顎類とよばれる．現生のヤツメウナギやメクラウナギなどの円口類はその子孫で，口には顎も歯もない．また，対になった鰭もなく，軟骨も頭部と鰓の周囲に少し発達していた程度である．古生代前期の無顎類は，このヤツメウナギの幼生時に似ていたと考えられている．すなわち，餌は大きく円い口から吸い込んだ水を鰓で濾し取り，胃も腸もなく，遊泳能力も低かった．しかし，この時代の無顎類(甲皮類)が現在の円口類と異なる点は，外皮が骨板の上に小さな象牙質の結質をもつ皮甲という甲羅で覆われていたことである．この無顎類はデボン紀になると海から淡水域に進出していった．

9.3 海から陸への進出

(1) シルル紀

シルル系(紀)(Silurian)はイギリスのウェールズとイングランドの境界地帯を模式地として，1835年，マーチソン(Murchison, R.I.)によって，この地方に住んでいたシルル族に因んで命名された．模式地では，腕足類，三葉虫や介形虫

類をはじめ，多様化したサンゴ類などを含んだ沿岸礁性の堆積相と，筆石に富んだ遠洋性の堆積相に分けられる．この時代の動物はほとんどすべて海生であるが，シルル紀の後期になると，カレドニア造山によって陸化した沿岸地域の汽水環境に適応した大型の広翼類(ウミサソリの仲間)や無顎類が栄えてくる．植物界では，石灰藻類が礁性石灰岩の形成に加わり，この時代の終わりごろには沿岸部の水辺で原始的な維管束植物が陸地への進出を準備していた．

陸は生命を生んだ海とは異なり，生物にとっては過酷な世界であった．私たちが宇宙空間に飛び立つとき，地球環境を詰め込んだ宇宙船や宇宙服を用いるように，生物が海から陸に出るには海の環境を詰め込んだ生命維持装置をもって上陸しなければならなかった．

太陽光のうち，可視光は生物の光合成と視覚に必要であるが，紫外線は生物体の構成成分であるタンパク質や核酸を破壊してしまうので有害である．太陽から放射される紫外線の大部分は成層圏にあるオゾン(O_3)層に吸収されるので，地球上の生物はオゾン層によって紫外線から保護されている．このオゾン層は，原始大気には存在せず，生物によってつくられた酸素から光化学反応によって，約30億年の歳月をかけて徐々につくられたものである．そして，およそ4億年前ごろに，地上に降り注ぐ紫外線を大幅に遮断するオゾン層が成層圏に形成された．このようにオゾン層の形成は，それまで紫外線を避けて水面下に生息していた生物が陸上と空へ進出するきっかけをつくった．海中ではそれまで弱者であったものが，この陸上への進化の道を選んだと考えられる．

紫外線の影響が少なくなると，海の表面には緑藻類が繁茂しはじめた．そして，山脈から流れ下る河川によって出現した広大な湿地帯やデルタ地帯に最初に上陸したのは細菌類であった．やがて土壌が形成されると，植物の陸上への進出は加速されていった．

植物は独立栄養型の生物である．陸上は水中に比べて光が豊富であり，光合成を行うのに恵まれた環境である．また，植物の厚い細胞壁は，乾燥に対して動物よりも有利であったと考えられる．細菌類に続いて，最初はコケ類や地衣類が水分の多い水辺に進出した．陸上における植物体として，はっきり認識できる最古の化石はシルル紀中期のクックソニア(*Cooksonia*)で，根も葉もなく，10 cmに満たない地上茎の先端に胞子嚢をもち，維管束はまだ発達していなかった．クックソニアは胞子嚢をもつことから胞子体であることは確かであるが，現在

のシダ植物とコケ植物とは違うものであった．シダ植物は胞子で繁殖するが，この胞子は，生殖細胞を水に代わって空中で散布するために開発された方法であった．胞子を広範囲に飛ばすには，できるだけ高いところから散布するほうが有利である．背丈を高く伸ばすと，先端部への水分や栄養分の補給が必要になってくる．そこで，通道組織として，また支持組織としての維管束が発達してくる．背丈を伸ばすことは，光合成に不可欠な太陽光をより多く受けられる利点もあった．これらの器官を獲得したシダ植物は巨大化し，石炭紀（3億5000万年前）には大森林を形成するまでに発展していった．しかし，コケ植物は維管束をもたず，また配偶体の受精に水を必要としたために，巨大化には限界があった．維管束をもったシダ植物が出現するのはデボン紀になってからのことである．

それまで裸地であった陸地に植物が繁茂し，その植物遺体の堆積によって，さらに有機質の腐植土が形成された．土壌中には多くの細菌類が生息しはじめ，窒素固定が進行したであろう．そして，有機質はさらに分解されてリン酸が蓄積されたと推定される．このリン酸は河川によって海に運ばれ，海洋の植物プランクトンの増殖を促し，海洋無脊椎動物のバイオマス（biomass）を増加させ，さらに魚類の骨格に必要なリン酸カルシウムを供給したと考えられる．

植物を追ってつぎに陸に上がったのは，節足動物のムカデの仲間である多足類であった．昆虫類はすでに水中でクチクラ（cuticle）という外骨格をもち，重力の影響を受けにくい小さくて軽い体と，移動できる脚をもっていた．しかも，体表面から体内に向かう気管系が用意されていて，呼吸システムの変更が容易であった．その後，デボン紀になってクモやサソリが陸上に現れ，これらを捕食する両生類の出現へと続いていく．

(2) デボン紀

デボン系（紀）（Devonian）の名称はイギリスのデボン州に発達するシルル系と石炭系にはさまれた海成層（礁性堆積相）に対して，1840年にマーチソンとセジウィック（Murchison, R. I. & Sedgwick, A.）によって与えられ，スコットランドに発達する陸成層（旧赤色砂岩）の同時異層とされた．

約4億年前のデボン紀は「魚類の時代」ともいわれ，魚類の基本型が完成された時代である．シルル紀中期に出現した棘魚類は顎と歯をもつようになり，

獲物(動物)を積極的に追って餌とするようになった．これらの器官の発達は必然的に脳や神経系の発達を促し，筋肉も強力になって，甲冑を背負った板皮類(甲冑魚とよんでいる)から軟骨魚類や硬骨魚類に受け継がれていった．魚類は胸と腹に対をなす鰭をもち，それまでの軟骨に置き換わってリン酸カルシウムによる硬い骨格をつくるようになる．これらのなかから，あるものが汽水域を経て淡水域へと進出し，さらに陸に上っていったのであろう．

　シルル紀の後期からデボン紀の前期にかけて，世界的規模のカレドニア造山運動が起こった(カレドニアはスコットランドの旧称)．これによって，現在のスカンジナビア半島からイギリスやスコットランドにかけての地域と，北アメリカ，アパラチアの北部地域が隆起した．雨は山を削り，大河となって海に注がれた．平野部には広大な湖沼が，河口部にはデルタが形成されていった．このような水辺の環境には，小型のシダ植物(古生マツバランやヒカゲノカズラ，トクサなど)が茂り，甲冑魚が泳いでいたであろう．そして，原始的な裸子植物とシダ種子植物が出現してくる．

　内陸部は乾燥し，風化によって崩された砕屑物は川によって運ばれ，平野部に厚く堆積した．それらの堆積物は酸化されて大地一面は赤色を帯びていたであろう．この時代の赤色の陸成層を旧赤色砂岩(Old Red Sandstone)とよんでいる．

　陸へ上がることで，生物体はまた大きな改造を強いられた．すなわち，乾燥から身を守るために鱗や皮膚，殻をもった卵を開発し，生命維持装置である故郷の海の環境をもった卵や子宮をつくった．また，海に代わって生命維持に必要なミネラルを供給するためにリン酸カルシウムを蓄えた太く硬い骨を発達させ，重力に逆らって体を支えるために背骨と内臓を強化し，鰭に骨を通して脚にした．さらに，海水中では水分を保ち，淡水では水分を排出するしくみが必要であり，体内で塩分(浸透圧)を調節するために腎臓の機能を高め，空気中の酸素(水中の20倍)を得るために肺による効率のよい酸素呼吸を生み出した．ただし，両生類の肺は未発達で，皮膚呼吸によっても酸素を得ている．肺だけで呼吸できるのは爬虫類になってからのことである．そして，肺呼吸によるエネルギー生産の拡大は脳の発達を促した．

(3) 魚類の進化

　顎と歯をもつ最古の脊椎動物はシルル紀の中期に出現した棘魚類である．しかし，棘魚類はデボン紀に淡水域に進出して栄えたが，古生代の終わりにはまったく姿を消してしまった．顎をもつ動物をまとめて顎口類とよんでいる．顎骨は，無顎類の捕食器であった鰓孔を取り巻く網目状の軟骨が筋肉とともに発達したもので，その後，獲物を捕えるために開閉する顎器官となった．歯は鰓骨の上にあった象牙質の結節が餌をひっかける突起として発達したものである．

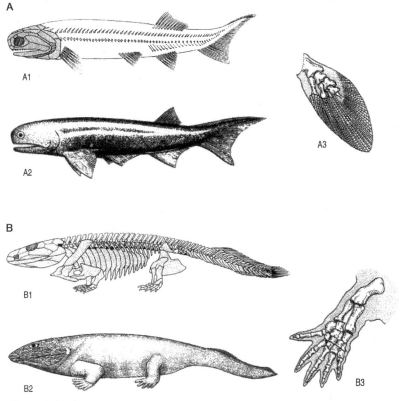

図9-5　脊椎動物の骨格の進化．A：体の中心に遊泳に適した硬い骨格(A1)をもつ原始的な硬骨魚(デボン紀中期の条鰭類)であるケイロレピスの復元図(A2)．体長約35cm，魚の基本構造となる胸と腹に対をなす鰭をもち，この鰭(A3)が後の陸上動物の四脚となる．B：魚類の胸鰭と腹鰭が前足と後足(B3)に変化した初期の両生類(デボン紀末期の迷歯類)であるイクチオステガの骨格(B1)とその復元図(B2)，体長は約1mで，頭は上下に扁平で，鋭い歯をもち，太い前足と短い後足や，椎骨と尾鰭は魚に似る．Jarvik(1980)およびBenton & Harper(1997)より作成．

このように顎と歯をもつようになったことが，脊椎動物をより活発な動物に変身させていった．

デボン紀に栄えたもう1つの原始的な顎口類に，体を骨質の皮甲で覆った板皮類がいる．この原始的な魚類は，骨質の下顎と頭蓋とが結合した上顎をもち，骨の突起としての歯が発達していた．そして，頭部から胸部にかけて大きな皮甲で覆われ，胸鰭と腹鰭とをもっていたが，体の後方は外骨格で覆われていなかった．この仲間はデボン紀の初期に多くの種に分化したが，それらのほとんどがデボン紀末に絶滅している．

現在も繁栄している軟骨魚類と硬骨魚類もデボン紀に出現している．軟骨魚類は支持力と柔軟性をもつ組織である軟骨だけの骨格であるが，よく発達した顎と歯を備え，2対の胸鰭と腹鰭をもち，体表面は丈夫な皮歯とよばれる鱗(鮫肌)で覆われている．軟骨魚類は，現在のサメやエイを含む板鰓類とギンザメを含む全頭類とに分けられている．硬骨魚類の特徴は内部骨格としてリン灰石の微結晶からなる骨をもつことであり，骨は体を強く支持するとともに抜群の運動性を発揮でき，さらにカルシウムを貯蔵する組織でもある．

水中を泳ぐには脊索や軟骨で充分であったが，陸上で体を支持し動きまわるには硬い骨がなくてはならなかった(図9-5)．さらに，硬骨魚類が陸上に進出するのに有利であったのは，空気呼吸のための肺あるいは浮き袋(鰾)をもっていたことである．硬骨魚類は，現在もっとも繁栄している筋で支えられた鰭もつ条鰭類と，肺魚や原始両生類を派生させた内部骨格のある厚い肉質の鰭をもつ肉鰭類に分化していった．最古の硬骨魚類はデボン紀の中期に出現し，体表を硬い鱗で覆った原始的条鰭類のケイロレピス(*Cheirolepis*)といわれている．

(4) 脊椎動物の上陸作戦

水中に適応した魚類のなかから最初に陸上に向かったのは，肉鰭類であった．肉鰭類は，すでに内鼻孔や肺が発達しており，空中に頭を出して空気呼吸をしていた．また，浅い河口域の水底を対になった鰭を使って這い，乾期には水場を求めて内陸部の沼地まで移動したであろう．このようにして，内骨格をもった筋肉質の両鰭は頑丈な四肢に変化していった．カナダの東北部，ガスペ半島のデボン紀後期の地層から発見されたユーステノプテロン(*Eusthenopteron*)は，体長1mほどで，肺をもち空気呼吸が可能であった．そして，体表を硬鱗で覆

うとともに硬質の内部骨格と鋭い歯が発達し，さらに力強い(eustheno)尾(pteron)と筋肉の発達した鰭をもっていた．この仲間から両生類が進化したと考えられている．

　最初の陸上脊椎動物といわれる最古の両生類は，グリーンランドのデボン紀末期の地層から発見され，入り組んだ構造の象牙質の歯をもつ迷歯類のイクチオステガ(*Ichthyostega*)である．このイクチオ(魚)ステガ(頭蓋骨後部)は，名前が示すように，発見されたときは魚と認識されていたのである．そして，まだ魚類に似た椎骨と尾鰭をもっていたが，すでにしっかりとした骨格でつくられた四肢を備えていた．両生類は，幼生時は水中で鰓呼吸し，成体になると陸上で肺呼吸する水陸両生であるが，卵(胚)はむき出しの状態なので水中でなければ干からびてしまう．したがって，水から離れては繁殖できない動物である．より完全に陸上生活に適応するためには，肺呼吸をはじめ，体重の支持と移動を可能にする四肢を発達させ，卵を乾燥から守り，体表面の乾燥を防止する皮膚を改良し，空気振動を関知する聴覚を獲得しなければならなかった．

　こうして一度は陸に上がった生物のなかから，後になって再び海に戻った生物もいる．約6000万年前に水辺で魚を餌としていた肉食性の陸上動物のなかから，再び水中に適応し，体型だけでなく生理機能までも再適応させ，一生を水中で過ごすようになったのが哺乳類のクジラやイルカであった．さらに，それから2500万年遅れて水中に戻った鰭脚類(ききゃく)のアザラシやオットセイは，授乳や子育てを陸上で行っている．

9.4 超大陸パンゲア

(1) 石炭紀

　石炭系(紀)(Carboniferous)はイギリスのイングランドとウェールズ地方の夾炭層(きょうたん)に由来し，1822年にコニベアとフィリップス(Conybeare, R. D. & Phillips, W.)によって命名された．世界の石炭の大部分はこの時代に形成されたが，テチス海域や東アジアでは浅海性の海成層からなる．北アメリカでは，海成の石灰岩を主体とする石炭系の下部をミシシッピアン(Mississippian)とよび，炭層をはさんで海成・非海成層が規則的に成層する(このような輪廻的累積層をサイクロセ

図9-6 超大陸パンゲア．古生代後期に存在した巨大大陸パンゲアはウェゲナーによって名づけられ，先カンブリア代の地層からなる楯状地を核として，その北半球部をローラシア大陸，南半球部をゴンドワナ大陸とよび，両大陸の間に入り込んだ海をテチス海とよんでいる．

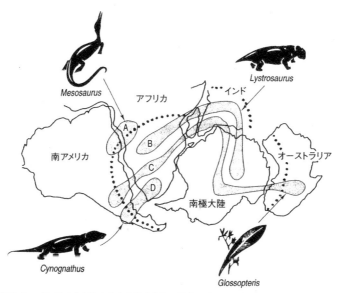

図9-7 ゴンドワナ大陸の存在を示す化石の証拠．地図は石炭紀から三畳紀にかけての大陸の分布を示す．A：ペルム紀の爬虫類であるメソサウルスの産出．B：三畳紀前期のいわゆる哺乳類型爬虫類であるリストロサウルスの産出．C：ペルム紀の南半球に繁栄したシダ種子植物のグロッソプテリス（舌のかたちをした葉という意味）が発見される地域．D：三畳紀のキノグナータスの産出．南極大陸を中心に点線で囲まれた地域には氷河の堆積物がみられる．Benton & Harper(1997)より改変．

ム Cyclothem という)上部をペンシルベニアン(Pennsylvanian)とよんで区分している．この時代，北半球では熱帯性の気候であったのに対して，南半球では逆に寒冷な気候下にあった．北半球の陸域では沼沢地に石炭のもととなった大森林が形成され，海域ではサンゴや腕足貝，ウミユリ，コケムシなどが繁栄し，とくにこの時代の後期に繁栄した頭足類と紡錘虫(フズリナ)や錐歯類(コノドント)が示準化石として重要である．

超大陸パンゲアの北半球部をローラシア大陸とよぶのに対して，南半球部をゴンドワナ(Gondowana)大陸とよんでいる．これら両大陸の間に東西に湾入していた海がテチス海(Tethys Sea)で，反対側の超海洋がパンサラサ海であった(図9-6)．ゴンドワナ大陸は南極を中心に古生代を通して存続し，その存在は多くの陸上動植物化石や氷河の存在(漂礫岩)とその流向(氷河擦痕の条線)によって証明されている．とくに石炭紀から三畳紀にかけて，現在のオーストラリア，

図9-8 北フランスにおける石炭紀を想定して描かれた森林の景観．a：レピドデンドロン(鱗木ともいわれ，ヒカゲノカズラ類に属し，樹冠の小枝の先に胞子嚢がみられる)．b：ウロデンドロン(Ulodendron)．c：シギラリア(封印木ともいわれ，葉のつき方やかたちにさまざまなものがある)．c'：シギラリアの幼木．d：カラミテスの幼木(蘆木ともいわれ，トクサ類に属し，湿地や水底の泥のなかに地下茎をはりめぐらし，地上茎を出す)．e：コルダイテス(Cordaites，初期の裸子植物であり，単葉で平行脈の葉は幅15 m，長さ1 mにも達し，樹高も30 m近くまで成長する)．Gall(1983)より．

アフリカ,インド,南アメリカ,南極大陸に栄えたシダ種子植物のグロッソプテリス(*Glossopteris*)を主体とする化石群はゴンドワナ植物群とよばれ,当時,ゴンドワナ大陸が存在していたことの証拠とされている(図9-7).

　石炭紀の陸上植物は,まだ胞子で繁殖するシダ植物が優勢で,沼沢地ではトクサ類(盧木,カラミテス*Calamites*)や巨大なヒカゲノカズラ類(鱗木,レピドデンドロン*Lepidodendron*)が,樹幹の直径1.5-2m,高さ20-40mにも成長し,大森林を形成していた.また,少し乾燥したところでは木生シダ類(封印木,シギラリア*Sigillaria*)やシダ種子植物などが林をつくり,林床には草本生のシダ類が繁茂していた(図9-8).

　このように石炭紀の森林の生産性は高く,多量の炭化物を蓄積した.すなわち,湿地帯の水は泥炭(ピート)でよどみ,酸素が欠乏してバクテリアによる有機物の分解が妨げられ,厚く堆積した植物遺体は石炭として地下に貯蔵された.世界各地のおもな炭田は,この時代の森林がもとになってつくられたものが多い.この時期,光合成で生産された酸素に比べて,有機炭素の分解に使われる酸素のほうが相対的に少なかったために,大気中の酸素濃度は現在よりもはるかに高く,現在のおよそ2倍くらいであったと推定されている.大きなゴキブリやトンボの化石が示すように,この時期の昆虫類が大型化したのは,気温が高かっただけではなく,高濃度の酸素によるところが大きい.しかし,この巨大なシダ植物の森林もペルム紀に入ると全地球的な寒冷化と乾燥化によって,急速に衰退していくことになる.

(2) 裸子植物の出現

　繁殖のしかたを胞子から種子に変えた植物を種子植物といい,裸子植物と被子植物とが含まれる.裸子植物はデボン紀の後期にシダ植物の一群から派生し,被子植物は白亜紀になって裸子植物から進化したとされているが,その直接の祖先はまだ不明である.

　胞子は配偶体の受精に水分を必要とし,乾燥に弱く,発芽の時期を調整することができない.これに対して,種子は胚珠が花粉を受け取って受精し,栄養分をもった胚は種皮のなかで保護され,休眠して発芽の時期を調節することができる.葉はシダ類に似て,種子で繁殖するシダ種子植物を経てその後の多様な裸子植物が発展した.種子をもつことは,水辺から乾燥した内陸部への進出

を可能にした．そして，精子に代わる花粉は，水に代わって風の媒介で雌の配偶体まで運ばれ，受精卵も親の体に包まれて育ち，種子となってから散布されるという巧妙な受精のしくみが開発されたのである．

石炭紀の後期には，巨大な木生シダ類と裸子植物が共存した大森林が形成されたが，ペルム紀になって，優占種は裸子植物に移行していった．そして，三畳紀の後半になって，シダ植物に代わって，ようやくグロッソプテリス類やソテツ類，イチョウ類，球果類などの裸子植物が天下をとったのである．

この時代，陸上の植物と動物の生活圏はほとんど海岸や河口域の低湿地帯にかぎられていた．両生類から派生した爬虫類は，卵を炭酸カルシウムの殻で包み，羊膜に保護された羊水のなかで胚を育てる方法を獲得した．最古の爬虫類は石炭紀後期から発見され，ペルム紀から三畳紀にかけて多様化し，ジュラ紀から白亜紀には壮大な適応放散をとげた．

(3) ペルム紀の生物大量絶滅

ペルム系(紀)(Permian)の模式地はロシアのウラル山脈西麓のペルムに由来し，1841年，マーチソン(Murchison, R. I.)により命名された．模式地付近では，夾炭層からなる石炭系の上部に，化石に富む厚い海成層が水平に広く分布し，その上に爬虫類や両生類の化石を含む陸成層が重なる．ペルム紀の後期には，乾燥気候のために北半球の大陸内に広大な砂漠が出現し，南半球ではかつてないほど大規模な氷河が発達した．その結果，地球全体の気候は大きく変化し，生物界に大きな影響を与えた．古生代を通じて多様化し，繁栄を誇った海陸の多くの生物群はこの時代の末期にほとんど絶滅してしまったのである．

各地質時代には，それぞれ特徴的な生物が生息していたことが化石記録から知られるが，じつはこの化石生物群の特徴とそれらの時間的な入れ替わりを利用して地質時代が区分されているのである．産出化石によって時代の区分ができるということは，化石生物群の出現と消滅とが急激に起こり，その境界が地層中ではっきりしているからである．顕生代以降，このような生物群の大規模な入れ替わり事件(大量絶滅)は少なくとも5度起きている．それらはオルドビス紀末(4.5億年前)とデボン紀末(3.5億年前)，ペルム紀末(2億5000万年前)，三畳紀末(2億年前)，白亜紀末(6500万年前)であった．このなかで2億5000万年前の古生代と中生代の境界部(P-T境界という)前後の約2000万年の間に起き

た絶滅事件は，そのほかとは比較にならないほど大規模であった．

それまで世界中の海に繁栄していた多くの海生動物が一斉に死滅し，なかでもフズリナ類や四放サンゴ類，三葉虫類はとりわけ顕著な絶滅群であった．この大量絶滅事件は地球史上，最大級のものとみなされ，海生無脊椎動物種の96%が，また陸上動物の70%の種がこのときに姿を消している．そして，古生界の終わりはこれらの化石が発見されなくなる層準をもって定められている．ペルム紀は，古生代型生物の大量絶滅の傍らで中生代型生物が台頭しはじめる新旧交代の時期でもあった．すなわち，両生類と爬虫類との中間的特徴をもつセイムリア(*Seymouria*)や原始的な爬虫類である杯竜類(コチロサウルス *Cotylosaurus*)，水生爬虫類の中竜類(メソサウルス *Mesosaurus*)などが栄え，また，裸子植物が急激に優勢になってくるのも著しい特徴である．

この未曾有の大事件について，この時期に隕石が衝突したという証拠もなく，その原因はまだ充分に解明されていない．これまでの考えでは，「この時期，地球規模の急激な寒冷化による海退によって，海洋生物の生息域が大幅に減少し，また海洋中の溶存酸素量が低下して，海洋生物は大きな被害を受けた」というものであった．しかし，このような汎地球規模の環境の激変がどのような原因で起こったかということについては，これまでになにひとつ言及されていなかった．

最近，この原因を地球内部のマントル対流に求める考えが提出されている．それは古生代の末期にマントル内から上昇してきたプルームによって，パンゲア大陸は中央部から南北に裂け(後に大西洋中央海嶺となる)，その間に新しい海洋(大西洋)が形成されはじめ，それまでの海陸分布は大きく変化した．このとき，マントルの下部から湧き上がってくる高温の上昇流によって，大規模な火山活動が起きたと考えられる．大量の粉塵やエアロゾルが大気中に拡散し，長期間にわたって太陽光を遮断したに違いない．その結果，陸上では光合成の停止や有毒ガスの充満，酸性雨の増加などによって，地球環境は隕石が衝突したときと同じような状況を呈したというのである．一方，海洋表層部でも光合成ができず，海水中の溶存酸素量は極端に減少したと考えられている．

10 中生代——爬虫類の時代

　中生代は2億5000万年前から6500万年前の時代で，熱帯の海ではアンモナイトやサンゴが隆盛をきわめ，陸では恐竜が全盛を誇り，裸子植物が大発展した時代である．

　1億8000万年前に超大陸パンゲアは南北に割れ，北半球のローラシア大陸は北アメリカとユーラシアに，また南半球のゴンドワナ大陸は南アメリカとアフリカ，インド，オーストラリア，南極に分裂しはじめた．そして，赤道をはさんだ両大陸の間に，テチス海が生まれた．

　ジュラ紀の末(1億4500万年前)に，ゴンドワナ大陸にスーパープルームとよばれる中生代最大の地殻変動が起こり，インドが分裂をはじめた．さらに，6500万年前の白亜紀末から新生代のはじめにかけて，アフリカと南アメリカ大陸が切り離され，インド大陸は北上してユーラシア大陸に衝突した．これによってテチス海は東西に分断されて消滅していった．このテチス海域と環太平洋域ではいくつもの大陸どうしの衝突によって，アルプスやヒマラヤなどの大山脈が形成された．

　このように，海陸の分布は地球全体の気候に多大な影響を与え，そこに生息する動植物の盛衰を左右した．このようななかで，陸域では爬虫類が大発展し，やがて哺乳類や鳥類が出現してくる．植物界をみると，ジュラ紀ごろまで温暖であった陸上では，イチョウやソテツ，松柏類などの裸子植物が繁栄していたが，白亜紀になると気候帯が明瞭になり，被子植物が爆発的に分化して，その分布を急速に広げていった．

10.1 三畳紀の陸上生物

(1) 哺乳類の祖先

　三畳系(紀)(Triassic)は，ドイツ盆地に発達する地層が陸成層から海成層を経

て再び陸成層に移り変わる3つの明瞭な層相に分けられることに由来し，1834年，アルベルティ（von Alberti, F. A.）によって設定された．ペルム紀には，現在の各大陸はまだ1つの超大陸パンゲアを形成していて，それらはすべて陸続きであった．そして，三畳紀になるとゴンドワナ大陸一帯を覆っていた氷河が縮小しはじめ，超大陸の気候は温暖化に向かい，乾燥地域が急速に拡大していった．この時期は世界的な海退の時代でもあり，乾燥気候を示す岩塩や石膏をはさむ陸成の赤色岩が世界各地に厚く堆積した．この赤色岩をデボン紀の旧赤色砂岩に対して新赤色砂岩（New Red Sandstone）とよんでいる．海成層は主としてテチス海と現在の環太平洋や北極海の沿岸部にかぎられ，地層の分帯はアンモナイトと二枚貝によってなされている．

　このような乾燥気候に向かう環境のなかで陸上動物がとった戦略は，水がなければ繁殖できない両生類の卵から，乾燥に耐えうる卵への改良であった．すなわち，有羊膜卵の開発である．「有羊膜卵」は胚を羊膜で包み込み，その内部は羊膜液で満たされているので乾燥を防ぐことができる．この羊膜はさらに石灰質の卵殻に包まれ，乾燥した陸上での繁殖に適した構造をもつようになった．爬虫類の卵は羊膜でできた袋のなかで卵黄嚢に包まれた多量の卵黄を吸収して発生し，孵化したときには，体はすでに充分に発育しており，すぐに陸上生活に入ることができるようになったのである．このようにしてペルム紀に多様化した爬虫類は，単弓類（哺乳類型爬虫類ともいう）として陸上のあらゆる環境に進出し，四肢動物の70-80％を占めるまでに繁栄していった．最近では，この初期の単弓類と爬虫類とが古くから独自に進化してきた別の系統であることが明らかになってきたので，哺乳類型爬虫類とはいわなくなった．乾燥した陸上での生活様式に適応して，海岸部からさらに内陸部へと生活圏を広げていった単弓類のなかから，三畳紀の後期になって哺乳類が誕生したのである．

　哺乳類は新生代に入ってから大繁栄するが，恐竜と同じく，すでにこの時代に出現していた．哺乳類の祖先である単弓類から分化した獣弓類は恒温動物で，三畳紀からジュラ紀にかけて，変温動物である両生類や爬虫類には生活しにくい，温度差の激しい内陸部に進入していったと推定される．その生態は胴体を地面から離した姿勢で四足歩行し，かなり敏捷に走るものもいたと推定されている．それは生痕化石に尻尾を引きずった跡がないことや，足早に歩行した足跡が残されているからである．また，初期の哺乳類はネズミほどの大きさで，

食虫性の夜行性動物であった．白亜紀になると，被子植物の発展とともに，それらを餌とする草食性哺乳類の有袋類と有胎盤類が出現し，上下1対の臼歯で食物を咀嚼する機能を発達させた．

哺乳類は胎盤をもつことから有胎盤類とよばれる．この胎盤は，爬虫類がもっていた漿膜と尿膜が合着したもので，子宮の内壁に入り込んだ構造をしている．胎児はこの胎盤のなかで酸素や栄養を受けて，充分に発達した状態で生まれてくる．そして，この有胎盤類は新生代に入ると著しく適応放散する．

現生で唯一の卵生哺乳類である単孔類（カモノハシやハリモグラ）は中生代型哺乳類の遺存種といわれ，その子どもは孵化した後に，母親の腹部の溝状の乳腺から分泌される乳汁で育てられる．有袋類の子どもも未熟児の状態で生まれ，母親の腹部の育児嚢（袋）のなかで育てられる．恒温性動物である哺乳類の特徴は，皮膚に体毛と汗腺をもち，無核の赤血球と2心房2心室の心臓をもち，胎生で，乳腺をもつことなどがあげられる．また，鼻や目などの感覚器管が発達し，脳の容積も大きいことが付け加えられる．さらに，横隔膜の発達で肺のポンプ機能が向上し，そのことによって敏捷な行動が約束された．

(2) 恐竜の出現

恐竜（ダイノザウルス Dinosaurs，「恐ろしいトカゲ」という意味）はどこからきたのだろうか．残念ながら，恐竜の直接の祖先についてはよくわかっていない．最近の分岐分類法によれば，恐竜は1つの祖先から進化した単系統のグループとされ，三畳紀に生息していた槽歯類から分化した爬虫類の仲間に分類されている．しかし，「恐竜温血説」もあり，爬虫類ではない可能性も完全には否定できない．現在，一般に「恐竜」という言葉は，爬虫綱，双弓亜綱，主竜下綱に属する5つの目のうちの，「竜盤目」と「鳥盤目」に対する総称として用いられている．ちなみに，このなかで「ワニ目」だけが現在まで生き続けている．

最古の恐竜の骨格化石とされる肉食で二足歩行のエオラプトル（*Eoraptor*，竜盤類とされている）は，アルゼンチンの三畳紀後期の地層から発見された．さらに古い中期の地層からも，足跡化石がほかの爬虫類の足跡とともにみつかっている．三畳紀からジュラ紀のなかごろまでは超大陸パンゲアの時代であり，恐竜はこの1つの超大陸に三畳紀の後期に出現し，ほかの多くの脊椎動物を相手に陸上での生活圏をめぐる激しい競争を経て生き残り，やがて地上の支配者と

なっていった.

　三畳紀の新赤色砂岩に代表されるように，内陸部では乾燥した砂漠が広がる一方，地域によっては熱帯性の森林が繁茂した．北アメリカ，アリゾナ州のペトリファイド・フォレスト(Petrified Forest，ケイ化木からなる化石の森)国立公園にみられるように，三畳紀の後期に巨大なマツやスギなどの松柏類，トクサ類，木生シダ植物などの森林が形成されていた．

10.2 ジュラ紀

(1) 恐竜の繁栄

　ジュラ系(紀)(Jurassic)の名称はフランスとスイスを境するユラ山脈に由来する．1795年にドイツのフンボルト(von Humboldt, A.)により命名されたが，「紀」としてブーフ(von Buch, L.)により1839年に再定義された．ジュラ紀の地層は保存のよい豊富な化石を産し，古くからよく研究されていた．ウィリアム・スミスが地層累重の法則や化石による対比などの層位学の基礎を築いたのも，イギリスのジュラ系であった．さらに，ドービニー(d'Orbigny, A.)が階(stage)の概念を，またオッペル(Oppel, A.)が化石帯(fossil zone)の概念を導入したのも，ジュラ系を対象とした研究の結果であった．

　ジュラ紀に入って，地球全体が温暖な亜熱帯性の気候となった．このような湿潤な気候のなかで植物は豊富に茂り，恐竜は急速に繁栄し，汎世界的にその分布を広げていった．ジュラ紀の初期はアフリカと南アメリカ，北アメリカとユーラシアの大陸はたがいに結合していた時代で，内陸部は乾燥した砂漠環境が広がっていた．この砂漠のなかのオアシスともいうべき河川や湖の水辺，あるいは砂漠の縁辺域に進入した海辺の堆積物から多くの足跡化石が発見されている．このころの恐竜群は地域的な差があまりみられず，世界中どこでもほぼ同じような種類が生息していた．そして，ジュラ紀の末に北のローラシア大陸と南のゴンドワナ大陸が分離すると，恐竜はそれぞれの大陸に分かれて独自に進化していった(図10-1)．すなわち，北半球ではローラシア大陸とその後も比較的緊密な接触があったので，似たような恐竜群が広く生息分布するが，南半球ではゴンドワナ大陸がその後も分裂と移動を続けたため，白亜紀のなかごろ

第10章 中生代——爬虫類の時代

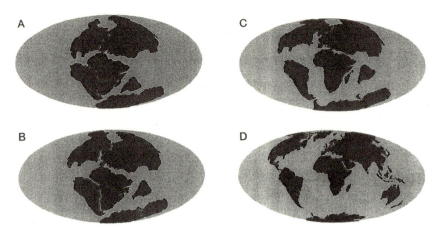

図10-1 パンゲア大陸の分裂．A：ジュラ紀前期（1億8000万年前）．B：白亜紀初期（1億3500万年前）．C：白亜紀末期（6500万年前）．D：現在．南半球ではゴンドワナ大陸特有の裸子植物グロッソプテリスが広く分布し，北半球では針葉樹の祖先であるボルチア類が森林をつくっていた．

以降はそれぞれの大陸に特徴的な恐竜群が出現するようになる．現在とほぼ同じ大陸分布となった白亜紀の末にすべての恐竜が絶滅するまで，恐竜の進化は大陸移動の影響を強く受けてきたといえる．

　恐竜は骨盤の形態から2つのグループに大別される．すなわち，骨盤を構成する腸骨や座骨，恥骨のうち，恥骨が前下方に突き出して座骨と鋭角をなしているトカゲ型の竜盤類と，恥骨が後下方に伸びて座骨と平行になっている鳥型の鳥盤類である（図10-2）．恐竜の食性は，祖先である槽歯類が二足歩行で肉食性であったが，この系統を引いているのは竜盤目のなかの獣脚亜目だけである．鋭い歯や鉤爪をもつアロサウルス（*Allosaurus*）やティラノサウルス（*Tyrannosaurus*）（白亜紀後期に出現した最強の肉食恐竜）などがこれにあたる．竜盤目でも巨大な体を4本足で支えていた竜脚亜目のセイスモサウルス（*Seismosaurus*）やブラキオサウルス（*Brachiosaurus*）は植物食性であったと考えられている．また，鳥盤目はすべて植物食性で，鳥脚亜目のイグアノドン（*Iguanodon*）や剣竜亜目のステゴサウルス（*Stegosaurus*），鎧竜亜目のアンキロサウルス（*Anchylosaurus*），角甲亜目のトリケラトプス（*Triceratops*）などがこれに含まれる．

　恐竜が進化的成功者といえるのは，敏捷な運動性や機能性を獲得したことにある．すなわち，恐竜の脚は現生のトカゲのように胴体の脇から横に出て這い歩きするのではなく，脚は胴体の真下に伸びて直立姿勢をとることによって，

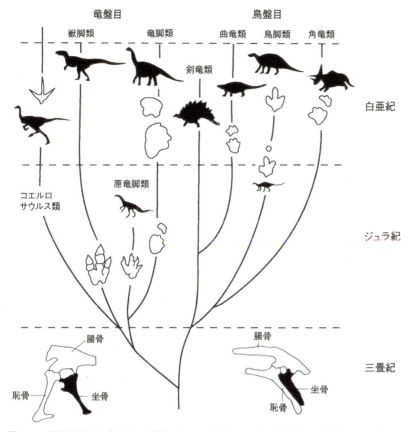

図10-2　恐竜(竜盤目と鳥盤目)の系統．Bölsche(1932)および松川(2001)より改変．

体肢骨の伸長や体重の増加が可能となり，大型化することができるとともに歩行効率を高めた．このように，恐竜は地球上に現れた最大の動物であり，なかでもジュラ紀後期のセイスモサウルスは，体長40–50 mもあったと推定されている．ちなみに最小の恐竜は，同じジュラ紀の後期に現れた竜盤類のコンプソグナトゥス(*Compsognathus*)で，体長は60 cm，体重は3 kgほどであったと推定されている．恐竜は初期の人類の進化と同じように，二足歩行者となったことによって，自由になった前脚で物をつかむことを可能にし，さらに知能を発達させたかもしれない．

　恐竜が恒温動物であったかそれとも変温動物であったかはさまざまな角度か

ら考察されているが，いまだ解決されていない．しかし，恐竜の脳容積の解析や産卵状況からみて，現生のカメやワニと同じような変温動物の爬虫類であったとする説が強い．草食恐竜は針葉樹などの裸子植物やシダ植物をおもな食物としていた．硬い葉を食べるために，歯が生え替わり，噛んだり，咀嚼したりする代わりに，胃のなかに石臼の役目をする胃石をもっていたことがわかっている．

　一方，海では大型の爬虫類である魚竜や首長竜が出現し，頭足類のアンモナイトや有柄類(ゆうへい)のウミユリが繁栄していた．これらの化石は南ドイツ，シュツッツガルト近傍のホルツマーデン(Holzmaden)の黒色頁岩中によく保存されている．ここでは胎児を体内に抱えた卵胎生の魚竜イクチオサウルス(*Ichthyosaurus*)，薄く圧縮され黄鉄鉱化したアンモナイト，巨大なウミユリの群体などの保存のよいみごとな化石を産出する．

(2) 鳥類の出現

　鳥類の出現の前に，すでに昆虫や翼竜は空に進出していた．脊椎動物で最初に空を飛んだのは，恐竜とは別の爬虫類に属する翼竜であった．最初の翼竜はペルム紀に出現し，体長は40 cm程度で，胴の両側に伸びた肋骨を翼状の膜が覆い，木々の間を滑空していたと考えられている．三畳紀の後期になると，長く伸びた前肢の第4指(薬指)と大腿部の間に張った皮膜を翼として空中飛行していたようである．翼竜類はジュラ紀から白亜紀にかけての空を制覇し，魚類を常食としていたようである．白亜紀には，広げた翼が12 mに達する大型種も出現した．しかし，この翼竜は鳥類の祖先ではない．

　鳥類は骨格構造の類似から，小型獣脚類との系統的類縁関係が強いと考えられているが，樹上生活をしていた原始爬虫類の偽鰐類(ぎがく)から進化したとの説もある．しかし，現在，竜盤目のコエルロサウルス(*Coelurosaurus*)の仲間から派生したとする考えが主流となっている．鳥類は鳥型の骨盤をもつ鳥盤類から派生したのではなく，トカゲ型の骨盤をもつ竜盤類を祖先にもつことになる．

　鳥類と考えられる最初の化石は，1860年に南ドイツ，バイエルン地方の石灰岩採掘場として名高いゾルンホーヘン(Solnhofen)で発見された始祖鳥(*Archaeopteryx lithographica*)である(図10-3A)．この石灰岩はジュラ紀の後期にテチス海のサンゴ礁のラグーン(lagoon)で形成され，きめが細かく，層理に沿って薄く

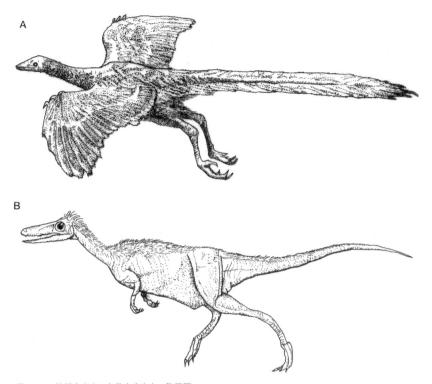

図 10-3 始祖鳥(A)と中華竜鳥(B)の復元図.

剥がれ,しかも丈夫で割れにくいためにリトグラフの石材に用いられていた.ここからはソテツなどの植物をはじめ,トカゲやヘビ,カメなどの爬虫類,両生類,魚類,昆虫,甲殻類,恐竜,魚竜など,これまでに700種以上の化石がみつかっている.

始祖鳥の化石はこれまでに7体が知られている.第1号は長さ6cmほどの1枚の羽毛で,第2号は体長60cmの骨格であった(ロンドン標本,大英自然史博物館所蔵).これらの化石の発見は,ダーウィンの『種の起源』(1859年)が出版された直後のことであり,爬虫類から鳥類への進化過程を示す「羽をもつ恐竜」として注目された.1877年に発見されたベルリン標本(ベルリン,フンボルト大学自然史博物館所蔵)はもっとも保存がよく,長い尾の椎骨に1対の短い扇状の羽をもち,癒合した前肢の3本の指先には鋭い鉤爪をもっていた.また,後肢は細長く,胸にはV字型の叉骨をもっていた.そして,羽の生えた翼と歯がは

っきりと残されていた．これらのことから，始祖鳥は鉤爪で木によじ登り，木から木へと滑空し，肉食性であったと考えられている．

　この始祖鳥よりも古い地層から，鳥類とされる足跡の化石もみつかっている．鳥類の足跡は指と指の間が恐竜のそれよりも広く，この形態的特徴から恐竜とは明確に区別できる．これらの鳥類の足跡化石は白亜紀になると普遍的に発見されるようになり，同じ地層面上に恐竜の足跡と一緒にみられることが多い．このことから，この時代，鳥類は恐竜と共存しながら生態的地位をめぐる争奪戦を繰り広げていたと想像される．白亜紀前期には，鳥類は完全に飛行に適応した体型に完成され，小型翼竜の生態的地位を脅かし，さらに白亜紀末の生物の大量絶滅によって生じた生態的地位の空白域を利用して，新生代には急速に多様化していったと考えられる．鳥類の骨は中空で，きわめて軽い．そして，羽毛は爬虫類の表皮の鱗と同じケラチンでできている．この羽の起源が飛行のためであったのか，それとも保温のためであったのかは不明である．

　鳥類の起源については，1990年代になって中国北東部，遼寧省のジュラ紀から白亜紀にかけての地層からつぎつぎと発見された化石の研究によって，新しい見解が出されている．カラスくらいの大きさの「孔子鳥」は，始祖鳥とほぼ同じ時代であるにもかかわらず，歯を失い，角質の嘴が発達していた．また，ハトよりもひとまわり小さい「遼寧鳥」には，羽ばたいて空を飛べたであろうことをうかがわせる発達した竜骨突起がある．このようなことから，ジュラ紀の末に絶滅した始祖鳥は爬虫類に近く，鳥類の直系祖先ではない．また，白亜紀の末に絶滅した「孔子鳥」も現生鳥類につながる系統ではないとされ，「遼寧鳥」こそが現代型鳥類の直系の祖先ということになる．

　さらに1996年，中国遼寧省の三畳紀後期の地層から発見された「中華竜鳥」(*Sinosauropteryx*，全長40 cm)は，小型恐竜の特徴である小さな前脚と歯をもち，さらに毛羽を備えていることから，鳥と恐竜の中間に位置するものとして注目されている(図10-3B)．また，2003年には四肢に羽をもつ恐竜「小盗竜」(*Microraptor*)が発見され，羽毛は鳥類が出現する以前にすでに進化していたことが明らかにされた．

10.3 白亜紀

(1) 顕花植物の出現

白亜系(紀)(Cretaceous)の名称は英仏海峡の沿岸部に分布するチョーク(Chalk, ラテン語で creta)層に由来し，1822年，ダロイ(d'Halloy, O.)により提唱された．層序はフランスとスイスの西部地域で国際的な階区分がなされている．白亜紀は全地球的に温暖で，海進の時代であった．海水準は現在より200 mも高く，年平均気温は北半球の中緯度で現在より7-8℃も高かった．そして，当時の大気中の二酸化炭素濃度は現在の4-5倍もあったと推定されている．しかし，白亜紀の後期に向かって気候はしだいに乾燥化し，寒冷化していった．

裸子植物のむき出しだった種子に代わって，種子を子房に包み込んだ被子植物が出現した．それは花粉の化石記録から白亜紀の初期であろうと推定されている．しかし，これまでにその本体である植物体は特定されていなかった．ところが，1998年に中国，遼寧省西部のジュラ紀後期の地層から産出した化石は，螺旋状に配列した2-5個の胚珠(種子)を包む生殖器官を備えていた．移動することのできない植物は，これまでは大量の胞子や花粉を生産して，風まかせに散布する生殖法をとってきた．一方，被子植物は花を咲かせ，その花弁をさまざまな色やかたちに変化させ，さらに香りや蜜までも用意して昆虫を誘う戦略を用いた．すなわち，花粉を餌にしていた昆虫は，花の出現によって特定の花粉と蜜を容易に摂取できるようになり，その見返りとして花粉を運搬し，植物の確実性の高い生殖法に荷担したのである．このように，被子植物と昆虫との共進化によって，たがいの多様化はますます促進されていった．

効率的な受粉システムによって繁殖能力を高めた被子植物は，胚珠が子房のなかに包み込まれているために乾燥にも強く，水離れすることができ，短時間で種子をつくり，成長も速かった．白亜紀の前半は，地球全体が温暖で雨量も多く，モクレン，カシ，カエデやクルミなどの被子植物は多様化しながら分布を中緯度から高緯度に広げ，イチョウやメタセコイアなどの落葉性の裸子植物が分布する地域にまで進入していった．そして，白亜紀の末には植生の80％を占拠するまでに発展し，双子葉と単子葉類に分化していった．裸子植物はますます寒冷な高緯度地域に追いやられ，針葉樹のように葉を細くして適応してい

った.

(2) 白亜紀の海洋生物

　白亜紀は世界的な海進の起こった時期である．海洋では頭足類のアンモナイトやベレムナイト(Belemnite, 箭石), 腹足類のイノセラムス(*Inoceramus*)やトリゴニア(*Trigonia*, 三角貝)が栄えていた．中生代を代表する海洋生物，アンモナイトの名は，古代エジプトの太陽神アンモン(Ammon)の使いであるヒツジの巻いた角に由来している．日本で古くから「菊石」とよばれているのは，縫合線が菊の葉に似ていることによる.

　アンモナイト類の殻は石灰質で小さな胚殻を中心に成長し，普通は左右対称の螺環が一平面上に巻く構造をしている．螺環は隔壁で仕切られた部室からなり，その最終の部室は軟体部が入る住房で，そのほかの室は気房となっている．隔壁と外側の殻とが交わる線を縫合線とよび，古生代のアンモナイト類の縫合線は単純な波形となるものが多く，これをゴニアタイト(Goniatite)型という．中生代になって三畳紀のものはセラタイト(Ceratite)型といい，縫合線の波形の谷に相当する部分にノコギリ歯状の切れ込みが現れる．そして，ジュラ紀や白亜紀になると，より複雑な縫合線を示し，アンモナイト(Ammonite)型とよばれる．時代とともにこれらの縫合線が複雑化したのは，水圧に対する適応と考えられている．すなわち，水中を深く潜り，水圧による破壊を避けるために，軽くて耐圧性のある殻として隔壁を殻の壁の近くで褶曲させ，殻の支持力とその面積を拡大させた．この縫合線は白亜紀の末期，絶滅の直前には，複雑化のピークに達したほか，螺環の巻き方が緩んだり，不規則になったり，また殻の大きさも，多くのものは数cm程度であるが，絶滅の直前には最大径3mにおよぶものも出現した.

　アンモナイトやオウムガイは，同じ頭足類のタコやイカの仲間が1対の鰓をもつのに対して2対の鰓をもつので，四鰓類ともよばれる．アンモナイトとオウムガイとの違いは，前者は殻の断面で隔壁が前方に向かい凸形をとり，連室細管(サイファンクル siphuncle)が殻の腹側に偏在し，触手が10本以下であるのに対して，後者は殻の断面で隔壁が前方に向かい凹形をとり，連室細管が殻の中心部を通り，さらに多数の触手をもっていることである.

　アンモナイト類はシルル紀の後期にオウムガイ類の仲間から派生したとされ

ている．その後，白亜紀の末に完全に絶滅するまで，古生代の後半から中生代を通じて何度もの栄枯盛衰の歴史を繰り返してきた．すなわち，デボン紀になって多様化したが，その紀の終末には約80%が絶滅し，再びペルム紀の中期に12科に多様化したが，その後期には5科に減少(約70%が絶滅)した．その後，たった3科のアンモナイトが三畳紀に生き残り，そのうちの1科2属から，少なくとも150属に分化したが，その紀の終末にはたったの6属に減少した．この時期，オウムガイも同様な危機に見舞われ，たったの1属が生き残ったにすぎない．この1属の生き残りがなければ，現在のノーチラスは存在しなかったであろう．そして，アンモナイト類はジュラ紀に再び繁栄し，白亜紀にかけて多様化のピークに達したが，白亜紀の後期にはしだいに衰退して白亜紀末を待たずに完全に絶滅してしまったのである．これらの絶滅の原因については環境の激変のほか，捕食者の存在も無視できない．また，白亜紀末の絶滅は，アンモナイト自身が進化の頂点に達し，その体制上の複雑さと特殊化が環境の変化に適応できなかったことによるのかもしれない．

10.4 テチス海と海洋環境

(1) 遠洋性堆積物

古生代オルドビス紀から中生代ジュラ紀にかけての海はケイ酸質の殻をもったプランクトンの放散虫が繁栄しており，この時代の海をケイ酸質の海とよんでいる．これに対して，石灰質の殻をもった円石藻類で代表されるナノプランクトン(nannoplankton)は三畳紀末に，また浮遊性有孔虫類はジュラ紀の中期にそれぞれ浅海に出現し，白亜紀になって浅海から遠洋に分布を広げながら爆発的に増加し，多様化した．その結果，深海底にはこれらの生物の遺骸からなる石灰質軟泥(calcareous ooze)が大量に堆積するようになる．このような白亜紀の海を石灰質の海とよぶ．イギリス，ドーバーの白亜の崖で知られるチョーク層は，この時代に形成された典型的な堆積物である(図10-4)．白亜紀の後期になると，さらに増殖速度が速く生産性の高いケイ藻類が出現し，海洋表層の生態系は現在に近い生物の構成になったと考えられている．

海洋の物質循環は，海洋表層の植物プランクトンが光合成を行う際に，活発

132　第10章　中生代——爬虫類の時代

図10-4　白亜紀のチョーク層（イギリス，ドーセット地方のミューブ湾）．

に二酸化炭素を吸収して有機物に変換し，深海にマリンスノーとして輸送することによって生じる．これを生物ポンプとよび，その効率はそれを構成している生物によって決まることから，海洋生物の進化は海洋の物質循環，ひいては海洋環境を大きく変えてきたといえる．

深海底は海洋表層の生物進化や環境変動とは無縁なのだろうか．現在，陸から遠く離れた海洋底には，陸源物質の供給があまりないために，石灰質やケイ質プランクトンの遺骸からなる遠洋性の堆積物が厚く堆積している（図10-5）．マリンスノーとして沈降するこれらの海洋プランクトンは，深海の生物にとって海洋表層からのシグナルとなっている．

深海掘削計画（ODP）では，世界中の深海底から深海堆積物を多数掘削している．堆積物中に含まれる深海性底生有孔虫類の化石記録は，深海生物が海洋表層におけるプランクトンの進化と連動して進化していることを示唆している．すなわち，ジュラ紀末から白亜紀前期にかけて，石灰質ナノプランクトンや浮遊性有孔虫が急激に生産量を増すにしたがって，深海の底生有孔虫群集は砂粒を殻に膠着する種類から石灰質の殻を分泌する種類へと変化する．とくに白亜紀後半になってケイ藻が増加すると，ケイ藻起源の有機物を好んで摂取する石

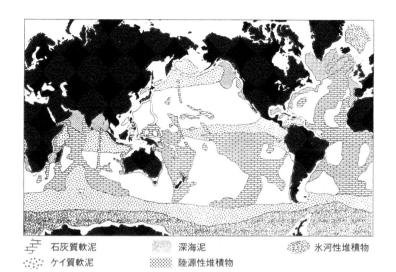

図10-5 現在の海洋底における主要な堆積物の種類とそれらの分布. Seibold & Berger (1996) より改変.

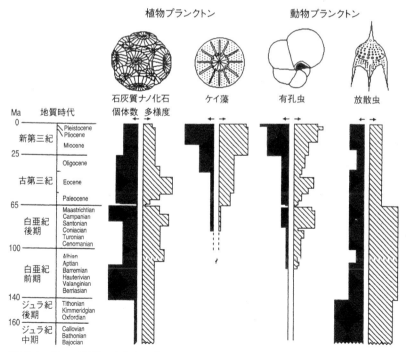

図10-6 ジュラ紀以降の有殻海洋プランクトンの消長. COSOD II (1987) より改変.

Box-9 テチス海

　パンゲア大陸は約2億年前に分裂しはじめた．まずはじめに北半球のローラシア大陸と南半球のゴンドワナ大陸とが分離し，その間に海が出現した．この東西に細長い海とその東に開けた大洋をテチス海(Tethys Sea)とよんでいる．テチス海は，1億8000万年前にインド半島がゴンドワナ大陸から分かれて北へ移動したのにともなって，だんだんとせばめられていった．そして新生代前半には，インド半島（インド・オーストラリアプレート）はユーラシア大陸（ユーラシアプレート）に衝突し，テチス海は消滅してしまった．テチス海の海底の大部分は地球の内部に沈み込んでしまったが，テチス海で堆積した地層の一部はこのプレートの境界部（衝突帯）に圧縮され，著しく褶曲した地層からなるヒマラヤ山脈を形成している．このプレートの運動は現在も続いているので，ヒマラヤ山脈はいまなお成長しているといえる．現在の地中海，黒海およびカスピ海はこのテチス海の名残である．

灰質有孔虫が顕著に増加する（図10-6）．

　中生代の海洋では，三畳紀には二枚貝類のモノチス(*Monotis*)やダオネラ(*Daonella*)などが，また，ジュラ紀と白亜紀には同じく二枚貝類のトリゴニアやイノセラムスなどが，さらに，白亜紀のアンモナイト類のなかには殻の直径が2m以上もあるものが出現した．

(2) 海洋無酸素事件

　白亜紀中期には，海洋無酸素事件(OAE；Oceanic Anoxic Event)が5度起こったといわれている．白亜紀中期はもっとも温暖化が進行した時期であった．このときの海洋堆積物は葉理がよく発達し，有機物を大量に含んだ黒色泥岩で特徴づけられ，この時期に生物が大量に絶滅したことが指摘されている．

　黒色泥岩はつぎのような環境条件下で生成されると考えられる．すなわち，気候の温暖化により温められた海洋の表層水は，冷たい底層水と混じり合わずに成層するので，溶存酸素に富んだ表層水は底層に供給されない．しかも，海洋表層部の太陽光が達する深度（有光層という）では，植物プランクトンがつぎのような化学式で示される光合成を行って，有機物を大量に生産している．

$$CO_2（二酸化炭素）+ H_2O（水）= CH_2O（有機物）+ O_2（酸素）$$

ここで繁殖した大量の植物プランクトンを小型の動物プランクトンが食べ，その動物プランクトンはより大きなプランクトンに食べられるという順序で海洋表層の食物連鎖がなりたっている．これらのプランクトンの死骸，またはこれらを食べた動物の糞はマリンスノーとなって海中を沈降し，海底に沈殿していく．このとき，これらの沈降有機物は水中で細菌や原生生物によって捕食・分解され，二酸化炭素と水に戻る．ちょうど光合成反応が逆に作用したのと同じことになる．そして，有機物を分解するために酸素が必要となり，水中の酸素が消費される．しかし，深海には深層水の流れがあって，水平方向から酸素を含んだ水が供給されるので，中層水より深層水のほうが，酸素に富んでいることになる．水中で分解されなかった有機物は，深海底の表層部に生息する生物によって分解され，その一部のみが堆積物中に保存される．これが海洋で有機物が生産されてから沈降し，堆積するまでの経路である(図10-7)．ところが，海洋の表層部で有機物が多量に生産されると，それらが沈降する途中で水中の酸素を消費しつくしてしまい，水中が酸欠状態になることがある．また，沿岸域で富栄養化が起こった場合にも，多量の有機物が生産され，それらの有機物を分解するために酸素が消費されて酸欠になることがある．酸欠状態の海では，有機物が海中を沈降するときに，酸素がないので分解されずに海底に沈降する．海底付近も貧酸素ないしは無酸素状態になると，底生生物も生息できない環境となり，沈殿した有機物は分解されずに有機炭素として堆積する．このような堆積物は有機物に富み，しかも底生生物によって攪拌されることもないので，葉理をもった黒色の堆積物となる．

このようにして，黒色泥岩中に取り込まれた大量の炭化水素が石油の起源になったとする考えもある．ちなみに，世界の石油の60％が白亜紀に生成されている．それでは，どうして白亜紀の中期にこのような海洋無酸素事件が生じたのであろうか．1億8000万年前から1億2000万年前の期間，黒色泥岩が断続的に堆積しているが，この黒色泥岩の堆積に連動して，浅海では海水準が上昇したために，石灰礁が水没して死滅し，その分布面積を大きく減少させている．また，この時期には海洋プレートの生産速度が非常に活発であったこともわかっている．すなわち，中央海嶺で海洋プレートが活発に生産されると，深海底で温かい海洋地殻の占める面積が増加する．温かい海洋プレートは浮力があって軽いので，海底が盛り上がる．海底が浅くなると海水も盛り上がるので，海

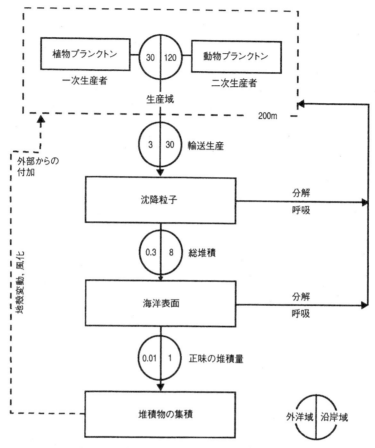

図10-7 粒子状有機物の生産から堆積までの過程．植物プランクトンと動物プランクトンはともに沈降の過程で100分の1以下に減少してしまう．円内の数値は年間の炭素量 (g/m^3) を示す．Seibold & Berger(1996)より改変．

水準が上昇し，陸に対して海が侵入することになる．つまり海進が起こり，大陸の縁辺に沿って浅海が広がる．浅海は生物の生産性が高いので，有機物が多量に生産されるようになる．有機物は分解する際に酸素を消費するために，海洋は貧酸素状態になる．海洋が貧酸素になると有機物は分解されないので，海底に沈積して有機物に富んだ地層となるのである．

白亜紀の海洋構造も貧酸素の海洋を生み出す原因となっていたようである．つまり白亜紀には，赤道付近で温められた海水は蒸発して塩分濃度の濃い海水

として沈降し，深層水を形成していた．したがって，白亜紀の深層水の水温は15℃くらいの温かさとなっていた．水温が高くなると，海水中に溶け込む酸素量も少なくなるので，貧酸素を招く原因となったであろう．このようないくつかの事象が連鎖的に起こることによって，黒色泥岩が形成されたと考えられる．

それでは，どうしてこの時期に海洋地殻の生産速度が上昇したのだろうか．これは，ちょうどこの時期にマントルと核との境界付近からホットプルームが上昇してきたためであるという．地球の内部からさかんに上昇してくるプルームによってプレートの動きも活発化し，火山活動もさかんとなって，大気中の二酸化炭素濃度が高まり，白亜紀の温室地球がつくり出されたと考えられている．このように，地球内部の活動が地球表層の気候や生物の消長に大きな影響を与えるという地球史の見方は，プルーム・テクトニクスとよばれ，現代地球科学の主流となっている考えである．

いずれにしても，白亜紀中期の黒色泥岩の堆積は，海洋地殻の速い生産に誘発された有機物の大量生産の結果である．生物に対する影響としては，この時期に深海底の底生生物の多くが絶滅し，新たな群集が再加入している．また，一部の底生生物は酸欠環境を乗り越えて生き延びている．それでは，このような酸素欠乏環境を生物はどのようにして生き延びたのであろうか．現在の貧酸素環境の条件下で生き延びている微小な生物(たとえば有孔虫類など)のなかには，細胞内外に多数の硫黄酸化バクテリアやメタン細菌が共存している．貧酸素環境への生物の生存戦略は，バクテリアと微小生物との共生が1つのヒントになる．しかし，酸欠環境に生き残った生物がどのような戦術を使ったかについてはこれからの研究テーマである．

10.5 生物の大量絶滅

(1) 恐竜時代の終焉

恐竜は白亜紀にかけて著しく多様化し，世界中に適応放散していった．そして，中生代のほぼ全期間にあたる1億8000万年という長きにわたって，地球上を支配した．その生存期間は，人類が登場してから今日までの歴史のほぼ80倍にあたる長さであった．現在知られている恐竜の種数は約350種といわれてい

るが，カナダ，アルバータ州立チレル恐竜博物館のカリー（Currie, P. J.）は1994年，全恐竜時代を通じて，少なくとも5000-6000種は存在していただろうと推定しているので，これまでに発見された恐竜はまだほんの数％にしかすぎないといえる．

一時期，地球上を支配したこれらの大型動物も，白亜紀の末期にはその姿を消していくことになる．この恐竜時代はなぜ終わってしまったのだろうか．もし恐竜が絶滅していなかったなら，哺乳類が陸上で支配的な地位を占めることはなかったかもしれない．そして，人類も出現しなかったかもしれない．

白亜紀の末(6500万年前)に恐竜は突然姿を消してしまうが，これとほとんど同時期の非常に短い期間に，海洋生物(ベレムナイト，アンモナイト，イノセラムス，厚歯二枚貝など)を含めた生物界の多数の分類群が一斉に絶滅している．そして，このような生物の大量絶滅の後には，必ず新しいタイプの生物群が現れてくる．それまで繁栄していた生物が占めていた生息空間(生態的地位)は，それまで少数派であった生物たちに開放され，そこに新しい適応放散が急速に展開されていった．その代表者は，動物では哺乳類であり，植物では被子植物であった．

(2) 大量絶滅の原因

カンブリア紀以降，生物界には大きいものだけで5つの大量絶滅（mass extinction）事件があった．そのなかでも6500万年前(中生代末)の恐竜を含む絶滅事件は，50-60％の生物が絶滅するという大規模なものであった．

この絶滅の原因説は数十もあるが，そのなかで有力な説として注目されているのは，直径10 kmもある巨大な隕石が地球に衝突したというものである．それは，中生代と新生代の境界部（K/T境界という）の厚さ10 cmほどの地層にイリジウム（Ir）などの白金族元素が高密度に凝集していることが，1980年に発見されたからである．イリジウムは重い元素で，地球が形成された初期には地球の表層部にも存在していたが，その後，地球の内部に移動したと考えられている．したがって，地層中のこの物質は地球外からもたらされたものと考えられた．さらに境界部の粘土層からは，隕石の衝突時にできたとされる高圧下のテクタイトも検出され，隕石衝突説を強く支持している．その隕石落下の跡は，メキシコの東岸，ユカタン半島の北西端にある直径100 kmもの巨大なクレータであ

るといわれている．この巨大な隕石の衝突によって，衝突地点付近では強烈な衝撃波と高熱が発生し，大量の粉塵は成層圏まで舞い上げられ，地球を覆い，暗雲は太陽光を遮って気候の寒冷化を引き起こしたと想定される．この気候変動による環境の急激な変化で，最初に打撃を受けたのは光合成植物であり，つぎに植物食の動物が被害を受け，生態系は一気に破壊されたと推定される．このように，地球上の大半の生物が大打撃を被ったことは確かであろう．

　しかし，恐竜は隕石衝突事件で一気に絶滅したわけではない．恐竜の絶滅は，地質時代では一瞬の出来事であるが，実際には徐々に衰退していったのである．このことは，カナダのアルバータ州における白亜紀後期の恐竜の種数変化が物語っている．すなわち，7600万年前に35種いた恐竜は，7000万年前には19種となり，6500万年前には9種に減少している．したがって，恐竜はK/T境界で急激に消滅したのではなく，比較的緩やかに，徐々に衰退していったと考えられる．この事実とは反対に，この時期の哺乳類や昆虫類は種数を増加させている．隕石の衝突後にも昆虫や哺乳類は生き残っていたことになる．このことはまた，哺乳類が恐竜の生態的地位にとって代わったことを示している．この時代には，気候の寒冷化にともなう植物の適応の結果として，植物界は裸子植物から被子植物へと大きく変革していった．この大変革は，少なくとも植物を餌とする草食恐竜にとっては，それまでの食性に対する大変更を迫られたに違いない．この環境についていけなかった草食恐竜の減少は，これを餌とする肉食恐竜にも影響をおよぼしたであろう．さらに，気温の低下は変温動物の恐竜にとっては不利であったに違いない．このように，白亜紀末期の恐竜の絶滅事件は，気候の寒冷化とそれにともなう生態的な食物連鎖が大きく関係していたといえる．一時的であったにせよ，間接的には気候変化を引き起こした隕石の衝突も，恐竜絶滅の原因説の1つとしてもよいであろう．

11 新生代——哺乳類の時代

6500万年前から現在までの時代を新生代という．それまでの恐竜の支配に代わって，哺乳類が本格的に発展した時代である．新生代は第三紀と第四紀に分けられ，さらに第三紀は古第三紀の暁新世，始新世，漸新世と新第三紀の中新世と鮮新世とに区分されている．

哺乳類の特徴は，皮膚に体毛と汗腺をもち，体温を一定に保つ恒温性の動物で，子は胎生で哺乳によって育てられ，歯が分化し，大脳の発達が著しいなどがあげられる．さらに，横隔膜の発達によって肺機能を向上させ，目鼻の感覚器に優れ，成長が速く，極端に大型化せずに敏捷な行動を進化させていった．

哺乳類の最初の適応放散は暁新世に起こったが，その多くは古第三紀のうちに絶滅してしまった．つぎの適応放散は始新世のはじめに起こり，草食性の長鼻類や奇蹄類，齧歯類，翼手類，霊長類など，現生する目(order)の多くがこの時期に新しく出現している．そして，漸新世には科(family)のレベルで現代型の哺乳類が出現し，現在みられるような組成の哺乳動物相が成立したのは中新世以降のことである．一方，鯨類や海牛類，鰭脚類はいったん陸に上がった動物であったが，再び海を目指して適応放散していった．植物界では被子植物が優勢となり，双子葉植物が多様化した．

11.1 プレートと生物地理

(1) 生物の分布

地球上の生物の分布は，生物を取り巻く環境の物理化学的な要因と，生物自身によってつくり出される生物学的な要因によって決定される．環境の物理化学的要因とは，温度，湿度，塩分，溶存酸素量，二酸化炭素含有量，栄養塩類含有量，日射量，雨量などであり，生物学的要因としては，幼体の分散様式や資源をめぐる競争，捕食と被食との関係などがあげられる．このほかに生物の

分布を規制する要因として，地球上の海と陸の分布やそれらの配置も重要である．

海陸の分布は地球全体の気象条件を規制するとともに，そこに生息する生物の分布をも大きく支配している．海洋の生物は海流によって移動，拡散するが，陸上の生物は陸づたいにしか移動することができない．すなわち，海がつながることによって，また大陸がつながることによって，生物は新しい地域へ分布を広げることが可能となるのである．

大陸の離合が生物の分布にいかなる影響を与えるか．そのよい例として，南北アメリカ大陸があげられる．南北アメリカ大陸は現在，中米のパナマ地峡で陸続きになっているが，これはいまから約350万年前からのことである．それまで，南北それぞれの大陸に別々に生息していた陸上生物は，この南北アメリカが陸続きになったことによって，はじめて相互に交流ができるようになった．アルマジロやアリクイ，ナマケモノなどの貧歯類やもっとも原始的な有袋類であるオポッサムなどの南アメリカ特有の動物たちは，陸続きになったパナマ地峡を通って北アメリカに分布を広げていった．これとは逆に，北アメリカからは肉食性の有胎盤類が侵入したため，それまで南アメリカで独自に発展していた多くの動物が姿を消している．一方，海洋の生物からみると，このパナマ地峡の形成は，それまでの海の通路（ゲートウェイとよぶ）がふさがってしまったことを意味する．その結果，大西洋やカリブ海，東太平洋の広い範囲に生息していた海洋生物は，大西洋と太平洋との個体群の間で，それまでの遺伝的な交流が絶たれてしまった．したがって，パナマ地峡形成後の両海域の生物は，それぞれの海洋で別々の進化をたどるようになったと考えられる．事実，浮遊生有孔虫類はパナマ地峡の形成後，太平洋と大西洋とで異なった独自の進化をとげている．

このように，海陸分布の変化に関連して，陸上生物と海洋生物の分布は拡大したり分断されたりしている．すなわち，プレートの動きに対応して変化する海陸分布や海底地形は，各地質時代に生息する生物の分布を支配し，生物種の消長に大きな影響を与えてきた．

(2) **テチス海とヒマラヤ山脈**

中生代以降，極と赤道付近で起こった海のゲートウェイの開閉は，海洋の大

循環を変え,地球上の気候と生物の分布に大きな影響をおよぼしてきた.古第三紀の中ごろ,いまから5000万年ほど前の赤道付近の海陸分布をみると,南北両アメリカ大陸およびヨーロッパとアフリカ大陸は,それぞれ南北方向に現在よりももう少し離れており,パナマ地峡はなく,ジブラルタル海峡も広い海域であった.そのころの海は,現在は山岳地帯になっているが,アルプスからカルパチア,トルコのアトラスを経て,さらにヒマラヤを抜けて東アジアにまで広がっていた.つまりこの時期,赤道付近には地球を1周する海域があり,そこには地球をめぐる海流系(赤道環流)が存在していた.極域をみると,北アメリカとグリーンランド,スカンジナビア半島は一連の大陸であり,北大西洋はまだ存在せず,北極海から大西洋に冷水塊を運ぶゲートはなかった.南半球では,オーストラリアとタスマニア島はまだ南極大陸から分離しておらず,また南アメリカと南極とを隔てるドレーク海峡も存在していなかった.このため,南極のまわりを環状にめぐる南極環流は存在していなかった.すなわち,北大西洋と南極海は存在していなかったのである(図11-1).

このような海陸の分布は,海洋の循環にどのような影響を与えたのであろうか.現在の海洋では,北大西洋と南極海で冷やされた海水が沈降して,深海をめぐる深層水が世界中に広がる循環パターンを示している.しかし,古第三紀の中期までは北大西洋も南極海も存在していなかったので,赤道付近で蒸発して塩分の濃くなった海水が沈降して深層水となっていたと考えられている.こ

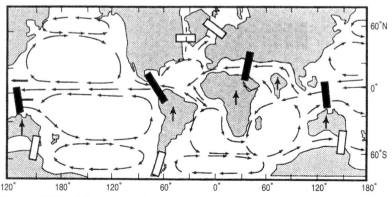

図11-1 中期始新世(約4500万年前)の大陸分布と海洋の循環系.その後,新第三紀に入ってから,黒帯部が閉鎖されて赤道環流がなくなり,また白帯部が開いて南極環流や北大西洋深層水が形成された.Seibold & Berger(1996)より改変.

のように，現在とは異なった海水の循環をしていた古第三紀の海は，いまよりも温かったという研究結果も得られている．その後，南極大陸からオーストラリアが分離し，またドレーク海峡が開通して南極環流が形成されると，南極域は冷却されて氷冠ができ，極域周辺の海で水温の低い深層水が生産されるようになった．以上のように，古第三紀の海洋は海陸分布が現在とは大きく異なっていたことから，現在とは異なった海流系と海洋構造であったと考えられている．このため，海洋環境も現在とは大きく異なり，地球上の気候にも大きな影響を与えていたに違いない．

　古第三紀に東西に広がるテチス海を通じて，ヨーロッパと東アジアには共通の海生生物相がみられる．たとえば，底生大型有孔虫の貨幣石(かいへいせき)(ヌンムリテス *Nummulites*)の仲間がその代表である．古第三紀の後半になると，大西洋とインド洋をつくる海洋プレートの拡大にともなって，アフリカ，アラビア半島，インド亜大陸が北に移動してテチス海を縮小させ，ついには，これらの大陸はユーラシア大陸に収束し，衝突して，テチス海は東西に分断されてしまった．この事件によって，海を通じて交流していた海生生物は東西に隔離されてしまったのである．

　一方，白亜紀末から古第三紀にかけて，プレートの収束境界，たとえばインド亜大陸が衝突し，ヒマラヤ山脈ができると，この高い山脈は大気の循環に影響して，モンスーン気候を生み出した．現在のインド洋から東アジアにかけての気候を考えてみると，夏にインド洋を南から北に向かって吹く湿気をもった季節風がヒマラヤ山脈にあたり，多量の雲塊を発生させて降雨をもたらす．その雲塊の一部が東に移動して，東アジアに梅雨をもたらす．これに対して，ヒマラヤ山脈の北側は乾燥した砂漠地帯となる．このアジア特有の気候システムであるモンスーンは，ヒマラヤ山脈が存在することによってなりたっているのであって，もしヒマラヤ山脈がないとすると，インド洋の湿気に富んだ大気はユーラシア大陸の内部に流れ込むことになり，インド付近では多量の雲塊は発生しない．すなわち，ヒマラヤ山脈がなかった時期には，アジアのモンスーン気候は存在せず，アジアはもっと乾燥していたのである．モンスーンによる高温多湿な気候は大陸の岩石の風化を促進させ，大気中の二酸化炭素を減少させている．その結果，温室効果が失われて，全地球的な気候の寒冷化を引き起こす要因ともなった．このように，プレートの運動は大気や海洋の二酸化炭素の

循環にも大きな影響を与えているといえる．

(3) プレートの収束と陸橋の形成

古第三紀に赤道付近に広がっていた海洋は，その後，プレートの運動で南北方向から収束してくる大陸によってせばめられ，新第三紀には世界各地で南北の大陸が衝突して，つぎつぎと陸続きとなっていった．たとえば，ジブラルタル海峡がせばまり，ヨーロッパ大陸とアフリカ大陸が陸続きとなって，スエズ地峡が形成された．さらにオーストラリア大陸と東南アジア大陸が近づき，飛び石状のインドネシア多島海が形成された．

大陸どうしが接続して地峡ができることによって，陸上生物の南北方向への移動が起こった．たとえば，アフリカ大陸とヨーロッパ大陸が接続することによって，ゾウや霊長目のヒト上科，オナガザルなどがアフリカからユーラシアに進出し，逆にユーラシアからはネコやイヌなどの食肉目，サイやウマ，ウシなどがアフリカに広がった．ヒトのユーラシア大陸への拡散は，人類進化の速度と様式を理解するうえで興味深い．また，南北アメリカ大陸でもパナマ地峡の接続によって南北の動物の交流がはじまった．

インドネシア多島海の場合は，縫合線をはさんでの生物の融合はあまり進ん

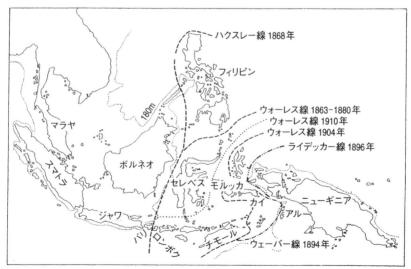

図11-2　東南アジア海域における生物地理境界．Whitmore(1981)より改変．

でいないという点で，アフリカやヨーロッパ，パナマとは少し異なっている．インドネシア多島海には，有名なウォーレス線(Wallece's Line とよばれる生物相の境界)があり，ロンボク海峡とマカッサル海峡を通るこの線を境に，オーストラリア大陸固有の有袋類(カンガルーやフクロネズミなど)とゴクラクチョウなどのユーラシア大陸固有の生物相とが形成されている(図11-2)．ただし，インドネシア多島海の島々を詳細に調査すると，一部の生物群ではその分布が重なっているようである．それは，第三紀初期に南極から分離したオーストラリア大陸が，新第三紀になってユーラシア大陸に衝突したことによると考えられている．しかし，その境界部では，大陸どうしが陸続きにはならずに，縫合部が多島海になっているために，動物の分布に漸移帯が形成され，異なった生物相が隣接して存在しているのである．これはプレート・テクトニクスによって大陸が接近した後も，生物相が対立的に分布している典型的な例といえる．

11.2 日本列島の形成

(1) 日本海の拡大

　約1億年前の日本列島はアジア大陸の東縁に位置し，そこには広大な入江や潟，湖が形成され，シダやソテツ，イチョウなどが繁茂する森林と湿地が広がっていた．ここに多くの恐竜が繁栄していたことを北陸地方の手取層群が示している．その後，この地域は火山活動をともなうダイナミックなプレートの運動により，日本列島をアジア大陸から引き離していった．

　現在の太平洋西側の地形をみると，海溝をともなった島弧とその内側に抱かれた海の存在が目につく．それらは北から千島弧とオホーツク海，東北日本弧・西南日本弧と日本海，琉球弧と東シナ海・沖縄トラフである．この弧状列島に抱かれた海のことを「縁海」とよぶ．縁海は島弧の外側の海溝に対して，反対側の内側の部分が拡大してできた海である．これらの地形はすべて海洋プレートの沈み込みにともなって形成されたものである．

　日本列島は，約1500万年前にアジア大陸から離れて，その後の100万年ほどの期間に日本海をつくりながら，現在の位置にまで回転移動してできたのである．このことは，日本列島を形成している岩石の古地磁気を測定することによ

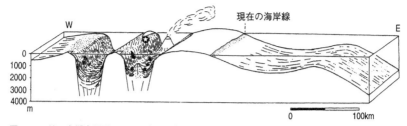

図11-3 前・中期中新世における東北日本弧の海底地形．日本列島の大部分は現在のマリアナ弧のように海面下に没していた．白丸は石油・ガスの鉱床，黒丸は黒鉱鉱床，星印は層状マンガン鉱床をそれぞれ示す．北里(1983)より改変．

って知ることができる．すなわち，1500万年前に形成された西南日本の岩石は磁北が一様に47°東に向き，東北日本のそれは25°西に向いている．このことは1500万年前以降，西南日本は47°時計まわりに，また東北日本は25°反時計まわりに回転したことを示している．誕生当時の日本列島は，現在の伊豆−小笠原弧に似た未成熟の島弧であり，2つの島列とその間に深い海盆を示す地形をしていた(図11-3)．その後，地殻が成長，隆起して現在のような東北日本と西南日本の島弧に成長したのである．

(2) 縁海の海洋構造

日本周辺の縁海の海洋構造を比較すると，オホーツク海と沖縄トラフはそれぞれ北太平洋あるいはフィリピン海と類似し，深海には太平洋深層水が流入している．しかしながら，日本海は太平洋の海洋構造とは大きく異なっている．すなわち，日本海の表層部は対馬暖流と寒流であるリマン海流の影響下にあり，150m以深の深層部は低温で，低塩分，高溶存酸素量の日本海固有水で占められている．このことは，日本海と太平洋とを連絡する海峡部がいずれも130mより浅いことによって，太平洋の深層水が日本海に流入できないことに起因している(図11-4)．そのために，冬季に沿海州で冷却された表層水が沈降して，日本海固有水を形成しているのである．

日本海固有水はいつから存在したのであろうか．1500万年前の日本列島は大陸地殻が発達していない未成熟な島弧であり，陸域は少なく，島が点在していた．そのため，太平洋の深層水は自由に日本海に流入することができ，海洋構造は太平洋と変わらなかったはずである．このことは，1500万年前の日本海に

図 11-4　日本海の海底地形．点線は水深 200 m，実線はそれぞれ水深 1000，2000，3000 m を示す．

堆積した深海堆積物中の底生有孔虫化石群集の種組成が現在の太平洋の深海部のそれとほとんど同じであることからも支持される．その後，日本列島は，火山活動を繰り返しながら，日本海と太平洋とを隔てる列島に成長していく．この日本列島の形成の過程で，太平洋深層水の流入が制限されるようになり，日本海固有水が発達してきたと考えられている．中新世後期には，ついに日本列島は太平洋深層水が流入できない浅さまで隆起していた．現在のような海洋循環系ができ，はっきりとした日本海固有水が成立したのは更新世後期になってからのことである（図 11-5）．

　更新世になると，日本列島はほぼ現在と同じ地形となった．氷期の海水準低下によって，浅い海峡部が閉ざされ，日本海は孤立した海となり，深海部は嫌気的な環境になった．そして，1万 8000 年前の最終氷期の嫌気環境では，深海生物のほとんどが死滅してしまった．現在の日本海固有水群集はその後に移住してきた生物によって構成される群集であると理解されている．

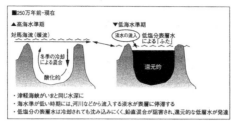

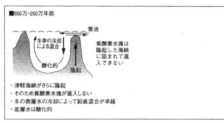

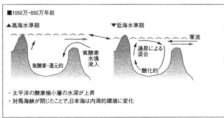

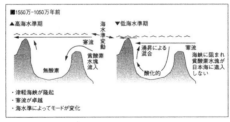

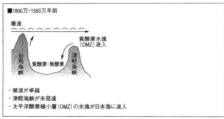

図11-5　日本海の海水循環と海洋構造の変遷．Tada(1994)より．

(3) 新第三紀の日本列島の古地理

　1600万年前から1500万年前にかけて，日本列島はアジア大陸から離れて島弧となった．この時期は汎世界的な海水準の上昇期でもあり，日本列島の周辺はいくつもの島が点在する多島海であった．そして，西南日本から東北地方にかけて，熱帯から亜熱帯の気候が広がっていた(図11-6)．たとえば，日本海沿岸(富山県八尾町付近)の1500万年前より前の地層中には，巻貝のビカリヤ(*Vicarya*)や二枚貝のゲロイナ(*Geloina*)などの熱帯マングローブ湿地帯に生息する貝化石が多産する．また，この時代には亜熱帯に生息する大型有孔虫のミオジプシナ(*Miogypsina*)やオパキュリナ(*Operculina*)が北海道の南部にまで分布していた．これらのことから，当時の日本列島は非常に温かく，とくに西南日本は現在のフィリピン諸島か，それよりももっと赤道に近い地域と同じ環境であったと推定されている．このころの日本列島が熱帯域にあったことは軟体動物のほかに花粉やサンゴの化石からも示される．たとえば，静岡県相良町に分布する女神と男神の石灰岩は，この時代に発達していた造礁サンゴである．

　1500万年前に日本列島の回転移動が終了すると，西南日本は暖流の通路を境

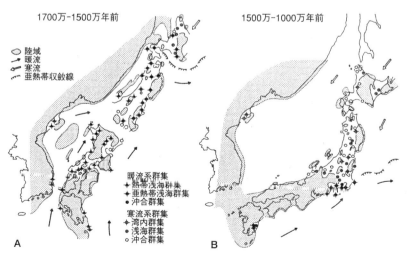

図11-6　前・中期中新世の日本列島の古地理．A：1700万-1500万年前(温暖性貝類は北海道周辺まで分布する)．B：1500万-1000万年前(温暖性貝類の分布は太平洋側の関東地方以南にかぎられる)．Chinzei(1991)より改変．

に，日本海側の貝類群集は熱帯から温帯の群集へと急変している．一方，太平洋側は暖流の影響下にあり続けた．

(4) 伊豆半島の衝突

インド亜大陸がユーラシア大陸に衝突してヒマラヤ山脈ができたという事件と似たような現象が日本列島でもみられる．日本列島の周辺は，ユーラシア，フィリピン海，北アメリカ，そして太平洋プレートという4つのプレートが会合しているところであり，とくに駿河湾はその4つのプレートが会合するきわめて複雑な地史をもった地域である（図11-7）．フィリピン海プレートの東端では太平洋プレートが沈み込み，そこに伊豆半島から小笠原諸島に伸びる火山列（島弧）が形成されている．フィリピン海プレートは年間3-4 cmの速度で北西方向に移動し，日本列島を構成している北米プレートとユーラシアプレートに衝突している．このフィリピン海プレート上にある伊豆-小笠原弧もプレートの移動とともに北上し，本州と衝突して日本列島に付加されたのである．丹沢山地はいまから約600万-400万年前に，また伊豆半島は約150万-100万年前に，はるか南方からプレートに乗って運ばれ，本州の中央部に衝突して日本列島の一

図11-7 日本列島周辺におけるプレートの分布．

部となったのである．このように，火山列島の一部であった伊豆半島の衝突によって本州側の地殻は圧縮され，隆起して，それより前に衝突していた火山体の一部は丹沢山地となり，3000 m級の南アルプスが形成されたのである．

この衝突事件は比較的最近のことなので，衝突帯の地層はよく保存され，くわしい地質が解明されている．また，このフィリピン海プレートの運動は現在でも継続しており，伊豆大島三原山の火山噴火や伊豆・伊東沖の群発地震，小田原地震など，衝突境界付近でさまざまな地学現象が起こっている．

伊豆半島の衝突によって，それまでの海底地形が変化し，それにともなって深海性の底生有孔虫類の分布に変化が生じた例を紹介しよう．衝突する前の200万年前には，伊豆と丹沢との間にあった深い足柄トラフから伊豆西部にかけて広く分布していた寒流系の有孔虫類は，衝突によって足柄トラフが閉じた80万

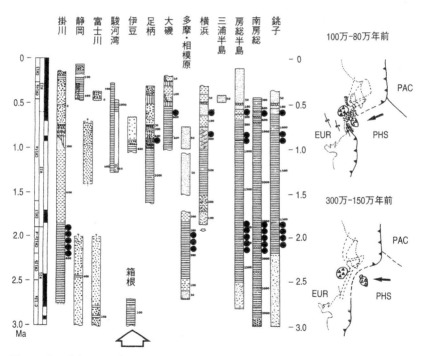

図11-8　伊豆半島の衝突による深海性底生有孔虫類の分布変化．柱状図：300万年前以降の掛川から銚子にかけての地層の対比（伊豆半島を中心に東西方向に配列）．柱状図中の黒丸：親潮系中層水に特有な底生有孔虫（*Uvigerina akitaensis*, *Nonionellina labradorica*）が産出した層準．柱状図中の太い矢印：伊豆-小笠原弧の位置．地図：伊豆半島付近の古地理（上：100万-80万年前．下：300万-150万年前をそれぞれ示す）．Kitazato（1997）より改変．

年前からは伊豆西部には分布できず，伊豆の東側にしか分布しなくなる（図11-8）．

また，伊豆半島沿岸の現生の海洋生物にも，衝突による影響と考えられる現象がみられる．それは，日本列島周辺の岩礁地の海藻帯で共存している底生有孔虫の2種が，伊豆半島沿岸と伊豆諸島にかけてはそのうちの1種しか分布していない．しかも，その分布を分ける境界はフィリピン海プレートと北米プレートとのプレート境界に一致していることである．このことから，伊豆半島が衝突する前の日本列島沿岸部には2種類が分布していたが，南方からやってきた伊豆半島の沿岸にはそのうちの1種が生息し，衝突後も両種の生息分布が保持されていると考えられる．このように，海洋生物の分布は過去のプレート運動の結果生じた大陸の離合集散の歴史を背負っているのである．

それでは，陸上生物ではどのようになっているであろうか．伊豆半島と丹沢地域とを比較すると，現生のサワガニやカタツムリの個体群は両地域で遺伝的に異なっているという報告がある．もちろんこの地域的な変異は，伊豆半島が日本列島に衝突したことによって生じたと結論づけるのは早計かもしれない．しかし，プレート・テクトニクスに基づく大陸や海洋の離合集散は，陸上生物にも大きな影響を与えたはずである．現在みられる生物群の分布は，このようなプレート運動の歴史を背負ったものであることを理解することが大切である．

11.3 気候変化と生物

(1) 北半球氷床の出現

古第三紀に南極環流が形成され，それとともに南半球の寒冷化がはじまった．それでは，北半球の寒冷化はいつからはじまったのであろうか．海洋底の地層の記録によれば，全球的な寒冷化は1200万年前ごろからはじまり，徐々に強まって350万年前には現在と同じ程度になってきたことを示している．すなわち，酸素同位体比の振れ幅は350万年前から現在と同じように大きくなる．また，北半球の高緯度地域から得られた深海掘削のコアによれば，氷山起源のドロップストーン（氷漂石）がみられるようになる．したがって，350万年前には北半球にも氷冠が形成されていたことは確実である．

現在，世界中の深海底を循環している深層水は，北大西洋で冷やされた水が沈降することによってつくられたのであろうか．200万年前ごろ，現在と同じように北大西洋で冷却されて沈降した水が，深層水となってグリーンランドとアイスランドとの間にあるフラム海峡とアイスランドとスコットランドの間を通って南に向かって流れ出すことが，最近の深海掘削計画によって確かめられている．

(2) 暁新世末の絶滅事件

白亜紀末の絶滅事件ほどではないにしても，暁新世末の5498万-5493万年前という短期間に海洋生物の絶滅事件があった．1991年，ロードアイランド大学のケネット(Kennett, J. P.)とアメリカ地質調査所のストット(Stott, L. D.)は，この時期に海洋の中層から深層に生息する底生有孔虫種の約35-50%が絶滅したと述べている．それでは，どのようなことが原因で深海の底生有孔虫類が死滅したのであろうか．このことを理解するために，この時期に前後して起こった現象を列挙してみると，有孔虫殻の炭素同位体比が1.6%減少し，非常に短い期間に3種類の浮遊性有孔虫類が出現し，さらに温暖湿潤気候を示す粘土鉱物のカオリナイトが世界中に分布する．また，高緯度地域の海洋表層水温が劇的に上昇し，深層水の温度が5-7℃上昇したことなどが海洋堆積物に記録されている（図11-9）．したがって，この時期につぎのようなことが起こったと考えられている．すなわち，深海の急激な温度上昇が起こった際に，地下の堆積物中にガスハイドレートとして蓄積されていた炭素同位体比の小さい炭素が，メタンガスとなって海底下から噴出した．そして，それが酸化されて二酸化炭素が多量に生じ，温室効果により地球の温暖化が生じたと説明されている．付加された二酸化炭素の量は1200-2000 Gtと見積もられており，ウッズホール海洋研究所にいたノリス(Norris, R.)らによると，現在の人間活動によって誘引される堆積性炭素リザーバーの崩壊に匹敵する量であると計算されている．

深海の海水温の上昇にともなってガスハイドレートの溶解と噴出が起こり，地球の温暖化を促進したと考えられる事件は，古第三紀だけでなくジュラ紀にも大規模なものがあったらしい．地球の温暖化のメカニズムを説明する際に，このような考え方は従来の生物地球化学的な循環による経路に加えて，新しい温暖化物質の経路として注目されている．

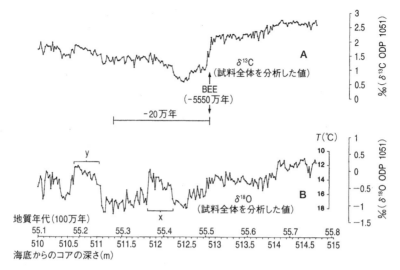

図11-9 最後期暁新世における δ^{13}C(A) と δ^{18}O(B) の分布。BEE は深海性底生有孔虫が多量に絶滅した時期を示す。Bains *et al.* (1999) より改変。

(3) 干上がった地中海

イタリアやスペイン，フランスなどの地中海沿岸地域には，第三紀末に形成された石膏層が厚く堆積している。この石膏層はシチリア島北部の町，メッシーナに分布する地層を模式的なものとして記載したことから，この地層を堆積させた時期をメッシニア期（Messinian）とよんでいる。約600万–500万年前のこの石膏層は遠くからみると灰色をした硬い岩であるが，近寄るとキラキラとした矢バネ状の鉱物結晶が地層面に垂直に並んでいる。これは地層が形成されたときに結晶ができたことを示している。地域によっては，石膏にともなって岩塩や石灰岩が堆積しているところもある。これらの堆積岩類は蒸発岩といわれ，高塩分の水が蒸発，沈殿して形成される。

深海掘削計画によって，グローマー・チャレンジャー号が1970年と1975年に掘削した地中海の海底下からも，これらの蒸発岩が続々と採取された。それなら，現在3000mもの水深をもつ地中海は干上がったことがあるのだろうか。もしも地中海が干上がったことがあるのならば，いまは深海底に堆積している蒸発岩とともに浅海性の化石が産出してもよさそうである。また，地中海が徐々

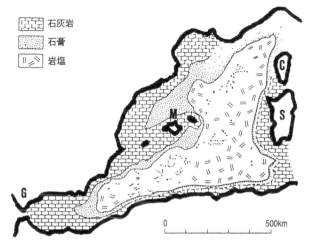

図11-10 中新世末期の地中海西部における蒸発岩の推定分布．海盆の周辺から中心に向かって石灰岩，石膏，岩塩の順に堆積している．G：ジブラルタル海峡．M：マヨルカ島．C：コルシカ島．S：サルディニア島．Hsü(1983)より改変．

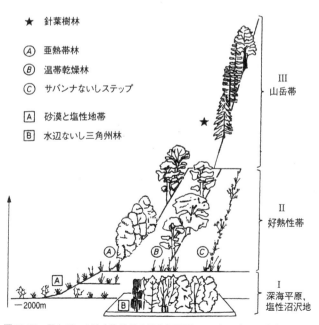

図11-11 干上がった地中海地域の植生復元図．Hsü(1992)より改変．

156　第11章　新生代——哺乳類の時代

に蒸発したのならば，海底には沿岸部から深海部に向かって石灰岩，石膏，岩塩の順に堆積しているはずである．なぜならば，海水を蒸発皿に注いでバーナーで熱していくと，海水が蒸発するにしたがって，蒸発皿の縁辺部から中心部に向かって最初に石灰分が沈積し，それから石膏，最後に塩の結晶が順に析出するからである．

実際に採取された地中海の海底試料は，縁辺部から石灰岩が，その内側に石膏，中心には岩塩が分布していることを示していた（図11-10）．この事実は，まさに科学的予察どおりの結果であった．そして，石膏層の前後からは，光合成細菌のシアノバクテリア化石が発見され，また汽水から浅海に生息する貝類や介形虫類も産出した．このように，中心部の深さが2000-3000 mもあるような深海が干上がったことが証明されたのである．このメッシニア期の地中海の干

図11-12　約500万年前，「大西洋の海水がジブラルタル海峡を乗り越えて地中海に瀑布となって流れ落ちた」と想定される．この絵は，その様子をナイアガラ瀑布を見学する現代人に似せて描かれているが，その規模はナイアガラ瀑布の1000倍はあったであろう．また，この時期は人類がようやく二足歩行をはじめたころである．The filling of the Mediterranean Sea : # P 986 Guy Billout, first published in the Atlantic Monthly より．

出は，ジブラルタル海峡がプレート運動によって閉鎖されると同時に，世界的な気候の寒冷化によって海水準が低下したために起こった出来事であった．すなわち，地中海は大西洋から隔離されて閉塞し，この地域一帯は乾燥気候となり，膨大な量の海水が蒸発してしまったのである．これらの蒸発した水はいったいどこへ行ってしまったのであろうか．この時期に南極氷河が拡大し，世界のほかの大洋の海水準が50mほど低下したことから，蒸発した地中海の水は極地域に氷となって蓄積されていたのである．それでは，メッシニア期の地中海はどのような景観をしていたのだろうか．現在の地中海の深海平原には塩性の沼地が広がり，大陸斜面から大陸棚は亜熱帯ないしは温帯の森林とサバンナないしはステップの草原となっていた．また，現在の沿岸部は2000-3000mの山岳地となり，針葉樹林が発達していた(図11-11)．現在，コルシカ島やサルディニア島の海岸平野に繁茂する固有の高山植物群はこの時期に形成され，その後，独自の進化をとげて今日まで生き残ったものであると考えられている．その後，干上がった地中海は，鮮新世に入って再び海水で満たされることになる．ジブラルタル地峡のダムが決壊し，大西洋の冷たい海水が地中海に瀑布となって流入したのである(図11-12)．

Box-10 統合国際深海掘削計画

　国際深海掘削計画(DSDP; Deep Sea Drilling Project)はアメリカが中心となり,英国,フランス,ドイツ,日本などが費用をもち寄り,海底の構造と活動,その歴史を明らかにする国際共同研究計画で,深海掘削船グローマー・チャレンジャー(Glomar Challenger, 海に浮かぶ研究室)号を用いて世界各地の海洋および大陸縁辺部を掘削した.1985年以降,海洋掘削計画(ODP; Ocean Drilling Project)がDSDPの後を引き継ぎ,ジョイデス・レゾリューション(Joides Resolution)号を用いて世界各地で掘削を行っている.この計画も2003年9月をもって終了し,その後は,統合国際深海掘削計画(IODP; Integrated Ocean Drilling Project)に引き継がれる.IODPでは,ジョイデス・レゾリューション型のノンライザー掘削船に加えて,日本が建造中のライザー掘削船「ちきゅう」(57000t)と,ヨーロッパ連合が進めるプラットフォーム掘削装置を駆使して,極域,地下深部,ガス噴出地帯などのいままでは到達できなかった海域における科学掘削を日本が主体となって推進しようとしている.この新しい地球掘削科学を支えるためには地球科学研究を集中して行う枠組みと斬新なアイデアが必要であり,2001年に海洋科学技術センター(現,独立行政法人海洋研究開発機構)内に固体地球統合フロンティア研究システム(IFREE,地球内部変動研究センター)という新しい組織が設立され,研究活動を開始した.

12 第四紀——人類の時代

　新生代の最後の時代が第四紀である．現在までの約258万年間をさし，1万年前を境にして更新世と完新世に分けられている．この時代の特徴は，氷期と間氷期が繰り返し地球に現れたことと，そのなかで人類が発展していったことである．第四紀が氷河時代とも人類紀ともよばれるゆえんである．

　第四紀は氷期と温暖な間氷期を周期的に繰り返す気候変動の激しい時代である．しかし，氷期の最盛期といえども，地球のすべての陸地が氷に覆われたわけではなく，地域的には草原や森林も存在していた．人類を含む現生生物は，約250万年前にはじまったこの寒暖と乾湿が激しく変動する氷河期を乗り越えてきた．これまでに人類が体験したもっとも寒冷な時期は，1万8000年前の最終氷河期で，その時期は陸地の3分の1が3000-4000 mの厚い氷床に覆われていたといわれている．そして，この最後の氷期が終わったのは約1万年前のことである．

　人類の祖先は食料の豊富な森林での樹上生活を享受していた霊長類たちであった．その後，彼らは数多くの自然環境の激変を乗り越え，その度に知恵を磨き，新しい環境をつぎつぎに克服して，地球のあらゆる環境へと進出していった．直立二足歩行は空いた前足(手)の発達を促し，道具を開発して脳を飛躍的に進化させた．道具はそれまでの外敵から襲われる側から襲う側に立場を逆転させた．さらに，農業の誕生は複雑な言語を生み，人類の知恵や知識はさらに深まっていった．そして，ついに自らのために自然環境に手を加えるようになっていった．やがて化石燃料を用いた産業革命を経て，高度な文明社会を築き上げていった．人類は500万年間で脳容量を約2.5倍にした．しかし，人類が農耕牧畜をはじめてから，まだ1万年にもならないのである．

12.1 氷河期

(1) 更新世

　第三紀鮮新世と第四紀更新世の境界については，これまで論争の絶えない問題であった．現在では，第四紀更新世のはじまりは，Gelasian 基底まで引き下げられることになっている(2009 年 6 月 30 日，IUGS(国際地質科学連合)執行委員会にて批准)．模式層準があるイタリア Monte San Nicola 地域では，Gelasian 基底は古地磁気層序のガウス(Gauss)正磁極期／松山(Matuyama)逆磁極期境界の 1 m 上位に位置し，その年代は約 2.588 Ma(258.8 万年前)とされる．

　第四紀は，気候の寒冷化によって極域や高山に氷床や氷河が発達した氷期と，氷期と氷期との間の温暖な間氷期が何度か交互し，きわめて短い期間に大きな環境の変化が繰り返し起こった時期である．

　もっとも新しい氷期(最終氷期)の最盛期はいまから 1 万 8000 年ほど前であった．このころ，日本列島の山岳地帯にも氷河が発達しており，年平均気温は現在よりも 6-7℃ 低かったことが知られている．

　現在の地球上でも，南極やグリーンランドは厚い氷床に覆われており，アルプスやヒマラヤなどの山脈にも山岳氷河が発達している．氷河は流れ下るときに地表面を削り取り，氷河特有の地形である U 字谷や圏谷(カール Kar ; cirque)を残す．また，氷河が流域の岩盤から削り取った岩屑や巨礫は氷礫土や迷子石を堆積し，運搬された堆積物は氷河の末端部で堆石(モレーン moraine)や外縁堆積原(アウトウオッシュ・プレーン outwash plain)を形成する．これらの岩屑が硬い岩盤の表面につけた傷は擦痕として残される．

　第四紀の環境変動の記録がもっともよく保存されているのは，深海底の堆積物である．この堆積物中に含まれる浮遊性有孔虫の殻の炭酸カルシウム($CaCO_3$)の酸素同位体比($^{18}O/^{16}O$)を測定すると，地層の重なりの順，すなわち，時間の流れに沿って，酸素同位体比は周期的に変動している(図 12-1A)．酸素原子には質量数が 16，17，18 と異なる 3 つの安定な同位元素(安定同位体という)があり，大気中ではそれぞれ $^{16}O=99.76\%$，$^{17}O=0.04\%$，$^{18}O=0.20\%$ の割合で存在している．そして，それらの自然界における存在比は，それらが含まれる溶液の温

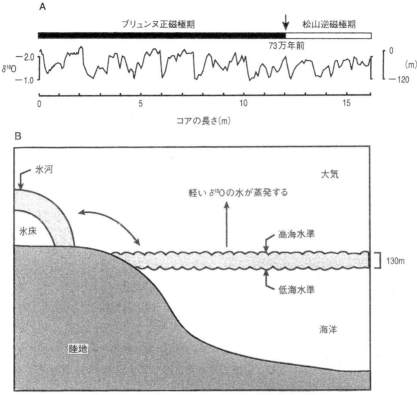

図12-1 西赤道太平洋の深海底コアから得られた酸素同位体比曲線と海水中の酸素同位体の蓄積量.
A：浮遊性有孔虫殻を用いた酸素同位体比曲線. 79万年以降, ブリュンヌ正磁極期に平均10万年間隔の変動サイクルが8回認められる. 右側の数値は海水準の昇降(m)を示す. B：海水中の酸素同位体比の変動は, 主として北半球の氷床に軽い酸素同位体($\delta^{18}O$)が蓄積する量に左右される. Shackleton & Opdyke(1973)より改変.

度に依存している．浮遊性有孔虫の石灰質の殻は，それらが形成されるときに周囲の海水の同位体を取り込むので，この殻の酸素同位体比の変化は海水の酸素同位対比の変化を表していることになる．海水温が高いほど，殻には軽い酸素が取り込まれやすくなるのである．

海水中の酸素同位体比が変化するのはつぎのような理由による．すなわち，海で蒸発した水は上空で雲をつくり，雲は雨または雪となって地上に戻ってくる．陸上に降った雨もまた河川を通して海に戻ってくる．海から蒸発する水は，質量数が16の軽い酸素原子と結合した $H_2^{16}O$ のほうが，重い $H_2^{18}O$ よりも蒸発し

やすいので，雲塊を構成する水蒸気や氷晶，雨水は質量数16の酸素同位体に富み，海水は質量数17と18の酸素同位体に富んだ水が残ることになる．気候の温暖期には，陸域に降った雨は河川や地下水を経由して海に戻るので，蒸発した部分とバランスをとって，海水中の酸素同位体比はほぼ一定の値になっている．一方，気候の寒冷期には，陸上の中高緯度に雪が降り，雪は万年雪となって氷河や氷床として陸に蓄積されるので，軽い酸素同位体をもった水は氷床となって陸域に蓄積され，海には戻らない．その結果，海水の酸素同位体比は重くなるのである（図12-1B）．このように，深海底コアに記録された酸素同位体比の周期的な変動は，地球が氷期と間氷期とを繰り返していた地球環境の変動をよく記録していたことになる．

(2) ミランコヴィッチの周期

氷期と間氷期の変動の周期性はなにが原因で起こるのであろうか．アメリカ，コロンビア大学のヘイズ(Hays, J. D.)やインブリー(Imbrie, J.)，イギリス，ケンブリッジ大学のシャックルトン(Shackleton, N. J.)は，気候変動の周期性がどのような周期の組み合わせからできているのかを明らかにするために，インド洋の深海底堆積物中の浮遊性有孔虫化石の酸素同位体比曲線を調和解析という方法でいくつかの基本的な周期に分解してみた．そうすると，およそ10万年，4.1万年，2.3万年(1.8万年もある)の3つの周期が卓越することがわかった(図12-2A)．さらに彼らは，この周期性の原因を考察するなかで，ユーゴスラビアの天文学者で，1920年に「氷期の原因に関する天文学説」を発表したミランコヴィッチ(Milankovitch, M.)の仮説に注目した．それは地球の天体運動の永年変化が過去の氷期と間氷期の周期的な変動を決めているというものであった．すなわち，10万年の周期は地球の公転軌道の離心率の変化に，4.1万年の周期は地球の自転軸の傾斜角の変化に，また2.3(および1.8)万年の周期は自転軸の歳差の変化に対応するというものであった(図12-2B)．そして，これらの軌道要素の長周期変動が地球に入射する太陽エネルギーの量に変化を与え，その結果として，太陽放射によって生じる地球表層の熱現象を変化させ，気候変動を引き起こすというものであった(図12-2C)．このことは，第四紀の気候変動は地球の軌道要素の周期的なゆらぎによる地球と太陽との位置関係が地球に入射する太陽エネルギー量(太陽常数)にわずかな変化を生じさせることによって起こるというこ

とである．このミランコヴィッチの理論は，天体物理学の理論としては，じつはまだ証明されていない．しかし，現実の気候変動の周期が地球の軌道要素の周期とよく一致することから，氷期と間氷期のサイクルを生ずる有力な理論として多くの研究者に受け入れられている．この考えの根底にある思想は，地球の氷河時代は惑星としての地球と太陽との位置関係が原因となって生じているということである．

氷河期のはじまりを決定する要因は夏季半年間の太陽の日射量の減少であり，過去65万年の北緯55°から65°の地域における日射量の変化曲線は，それまでに確認されていた4回の氷河期（アルプスのギュンツ，ミンデル，リス，ウルムおよびアメリカのネブラスカ，カンサス，イリノイ，ウィスコンシン）と一致する．この理論は1970年代のクライマップ計画（CLIMAP；Climate：Long Range Investigation Mapping and Prediction）によって，より確かなものとなった．この計画は，第四紀の気候変動の様子とその原因をくわしく解明し，将来の気候変動の予測に役立てることを目的として，1971年にアメリカで発足した国際共同研究である．ほぼ10年がかりで，世界中の海底堆積物中に含まれる微化石の研究を行い，過去100万年の表層海水温を定量的に明らかにし，さらに微化石の酸素同位体比から地球上の氷量の変化を算定した．そして，100万年の間に，氷河期は約10万年の長さで繰り返され，その平均気温は現在よりも5-6℃低かったことが明らかにされた．

(3) 短い周期の気候変動

第四紀の氷期と間氷期の周期的な気候変動の様子は，南極やグリーンランドの氷床から得られたボーリング・コアにもよく現れている（図12-3）．このコアに閉じ込められた過去の大気の酸素同位体比の変動曲線は，非対称のノコギリの歯状に変化している．つまり，氷期から間氷期へ向かう温暖化は急激に起こり，間氷期から氷期に向かう寒冷化はゆっくりと起こっていることを示している．これはミランコヴィッチの周期だけでは説明できない現象である．たとえば，10年から数十年周期で起こる急激な温暖化や寒冷化，あるいは数百年から数千年間継続するゆっくりとした温暖化や寒冷化が示されている．この短い周期の気候変動のことを，これを明らかにしたデンマークのダンスガード（Dansgaard, W.）とスイスのオシュガー（Oeschger, H.）の名前をとって，ダンスガード

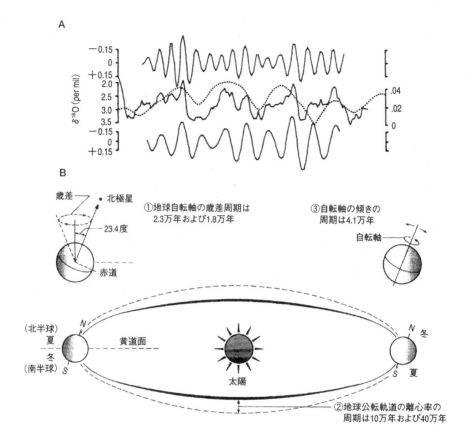

図12-2 ミランコヴィッチ理論による氷河期の周期．A：酸素同位体比曲線（中央の実線）は約10万（→）期成分を，また下の曲線は4.1万年周期成分を統計的手法で取り出したものである．Hays et al. ら」自転し，公転している．この「ふらつき」は周期的な変動としてとらえることができる．①2.3「みそすり運動」をしている．この振幅が大きいときは2.3万年，小さいときとは1.8万年の周化し，太陽との距離を1800万km以上も変化させている）．③4.1万年周期の地軸の傾きの変化（地り寒くなる）．Hays et al.（1976）より改変．C：ミランコヴィッチが描いた氷河期の年表．過去60表したグラフである．たとえば，いまから23万年前の北緯65°の地点は，現在の北緯75°に相当いる放射量に相当するというものである．Köppen & Wegener（1924）より改変．

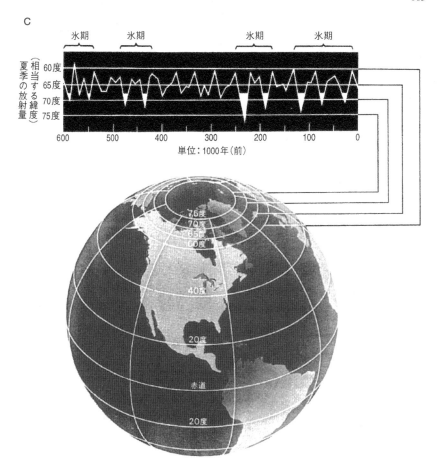

年周期の離心率の変化(中央の点線)とよく一致している.上の曲線は同位体比曲線から2.3万年周(1976)より改変.B:地球の自転と公転運動のゆらぎ.長い時間軸でみると,地球は「ふらつきなが万年と1.8万年周期の歳差運動の変化(地球の自転軸はゆっくりと円を描くように動く,いわゆる期で変動している).②約10万年周期の離心率の変化(地球の公転軌道のかたちは楕円から円まで変軸の傾きは21.5~24.5°まで変化[現在は23.7°]し,その傾きが大きいほど,夏はより暑く,冬はよ万年にわたって,北緯65°地点における夏季の太陽放射(日射量)の変化を現在の緯度に置き換えてする気候であった.あるいはまた,北緯65°で59万年前に受けた放射量は北緯72°で現在受けて

166　第12章　第四紀――人類の時代

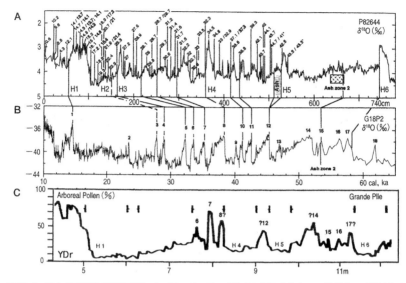

図12-3　過去6万年間の環境変動．A：西アイスランド海より採取されたコア試料中の浮遊性有孔虫を用いた酸素同位体比曲線（H1，H2，…はハインリッヒ・イベントの位置を示す）．B：グリーンランドのアイスコアの酸素同位体比曲線（図中の数字はダンスガード・オシュガーサイクルを示す）．C：グランデパイルの樹木性花粉の割合．Ehlers & Krafft (1998) より改変．

・オシュガーサイクルとよんでいる（図12-3B）．この気候変動の振幅は，温度変化に換算すると7℃にもおよぶ大きな変化である．しかし，その原因については，太陽活動の周期的な変動が関係しているといわれているが，まだ突き止められていない．

　また，氷床コアの最終氷期以降の酸素同位体比の変動曲線を拡大してみると，さらに短いパルス的なピークがいくつかみられる．この現象はドイツ，水圏研究所のハインリッヒ（Heinrich, H.）によって，北東大西洋のドライザック（Dreizack）海山で採取された深海底コアのなかに，氷山が運んだ粗粒の堆積物がパルス的にはさまれていることがみつけられ（図12-3A），ハインリッヒ・イベントとよばれている．これは，約1万年ごとに粗粒の堆積物を運搬した氷山が数多く発生したことを示している．そして，この現象は地球の歳差運動の半周期で起こっている地球軌道のゆらぎにともなう現象であると解釈された．その後，北大西洋高緯度地域の海底堆積物からも，氷山によって運ばれた礫が発見され，最終氷期の北半球では，複数の大陸氷河がおよそ7000年の周期で繰り返し崩壊していたことが明らかにされた．このような氷床の崩壊は，一時的な寒冷化の進行

にともなう氷床の拡大が原因で起こったと考えられている．

(4) 氷河性海水準変動

氷期には海から蒸発した水分が氷として陸域に固定される．すなわち，氷河や氷床の水分は海から供給されるのである．したがって，氷河が発達すれば，液体として存在する海水の絶対量が減少し，海水面が下がることになる．

いまから2万年ほど前は最終氷期の最寒冷期にあたり，氷河は中緯度地域にまで分布していた．そのために，海水面は現在より100-130mも低下したと推定されている．このように，氷河の消長によって海水面が変動する現象を氷河性海水準変動とよんでいる．

海水面が低下し，海岸線が海側に移動することを海退(離水)とよび，海岸は出入りの少ない直線状の地形となる．このとき，河川も海側に延長される．これに対して，海水面が上昇し，海岸線が陸側に移動することを海進(沈水)とよび，海岸はリアス式海岸のような出入りの激しい地形となる．このとき，海底には河川の流路が谷地形として残される(図12-4)．

海水準変動は堆積相にも反映される．とくに海岸付近から海面下100mくらいまでの浅海域では，波浪や海流が強いために漣痕や斜交葉理などのさまざまな堆積構造をもった堆積層が形成される．これらの堆積層は堆積場の営力によって固有の構造ができるので，堆積相から海水準の変化に対応した海進と海退の過程を読み取ることができる(図12-5)．なお，深海域では海水準変動を反映した堆積相はみられないが，堆積物中の酸素・炭素同位体比や微量元素組成，微化石の群集変化などによって海水準が変動したことを知ることができる．

海水準変動は，たんに海水のボリュームの変化だけで起こるわけではない．陸が隆起すればみかけ上の海退が起こるし，また陸が沈降すれば海進が起こったことになる．このような海水量の増減ではなく，地盤の変動にともなう海面の変動を相対的海面変動とよんでいる．氷期に厚い氷床が発達すると，その重みで大地は沈降するが，氷河が融解すると，アイソスタシーが失われることによって大地は隆起に転ずる．

過去の海面高度の変化は海岸地形にも記録され，パプア・ニューギニア，ヒュオン半島の隆起サンゴ礁の段丘群はその典型的な例である．このほかにも，海岸の崖に残された潮干帯に生息する生物の痕跡やノッチ(notch)，海食洞，海

図12-4 海水面が変動したときの日本周辺の海岸線．A：海水面が200m低下したとき．B：海水面が100m上昇したとき．C：現在の日本列島の海岸線．

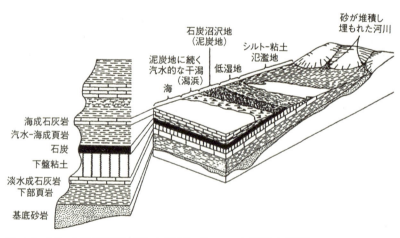

図12-5 海進，海退が堆積相に現れた柱状図．Blatt et al. (1972)より改変．

食台，また海面下の海底地形にも海面変動の記録が残される．

12.2 後氷期

(1) 完新世

最終氷期は11万5000年前にはじまり，その後，23回もの亜間氷期と亜氷期を交互に繰り返してきた．このなかで，もっとも新しい氷期の最盛期は約1万8000年前であった．このときの日本付近の平均気温は，現在よりも6-8℃低かったと推定されている．この最終氷期が終息し，気候が温暖，湿潤化に向かうのは1万3000年前ごろからである．しかし，この温暖化を中断する「寒の戻り」（小氷期）が1万1000年前に起こっている．この一時的な寒冷化を示す証拠は世界各地に残されているが，北ヨーロッパにおける最後の低温期をヤンガー・ドリアス（Younger Dryas）とよんでいる．

完新世（Holocene）とはヤンガー・ドリアスの終わり，すなわち氷床が消失する1万1000年前以降から現在までの時代をさす．この時代は後氷期ともいわれ，基本的には温暖な時期であるが，そのなかに小さな寒暖のゆらぎがみられ，日本ではそれらは縄文海進や弥生の海退とよび，ヨーロッパではフランドル海進やフランドリアン小氷河期とよばれている．

最終氷期以降，急激に温暖化が進んでいるなかで，それが一時的に停滞した原因はなんであろうか．明確ではないものの，その原因の1つとしてローレンタイド氷床の融解水があげられる．最終氷期の最盛期に北アメリカ大陸を広く覆っていたローレンタイド氷床は，温暖化とともに溶けはじめる．その融解水は，最初は氷床のまわりに湖となってためられるが，やがてあふれ出て，北大西洋に多量の淡水を流出した．北大西洋は，冷たく塩分の濃い海水がつねに表層から深海に沈降している深層水の供給場所である．そこに軽い淡水が注がれると，表層から深層への水の鉛直循環が弱められる．このようにして，世界の深層水の循環が停滞し，地球全体の一時的な寒冷化が起こったのではないかといわれている．最近のコンピュータ・シミュレーションによれば，北大西洋の表層に淡水を供給すると，地球の温度が低下するという結果が出されている．また，1万年前以降に寒冷化が止まった理由としては，ローレンタイド氷床から

の融解水が，北大西洋ではなく，ミシシッピ川経由でメキシコ湾に注ぐようになったためであると説明されている．

(2) 縄文海進と弥生の海退

最終氷期以降，地球は急激に温暖化する．その状況は海水準の変動カーブによく示されている（図12-6）．日本列島では，この時期（9000-4500年前）は縄文時代にあたり，「縄文海進期」ともよんでいる．海水準は約6000年前に最高位に達し，東海地方では現在よりも5-6 m 上昇し，平均気温は2-3℃高かった．海水は谷沿いに進入し，海岸線は，地域によっては現在より数十km も内陸にあったと推定されている（図12-7）．この時期に埋め立てられ，その後に海水準が低下して陸化した平野を沖積平野といい，その堆積層を沖積層とよんでいる．このころの日本列島の沿岸部は温かい黒潮が洗い，ツバキやシイノキなどの常緑樹（照葉樹）林が広く分布していた．

その後，4000年前ごろに海水準が少し下がる時期がある．この時期は弥生時代に相当することから「弥生の海退」とよんでいる．日本列島における稲作の起源は縄文時代にさかのぼるが，広範囲で稲作が行われたのは弥生時代になってからのことである．静岡の登呂遺跡がその代表例である．この海進と海退を引き起こした原因についてはわかっていない．

このような気候変動に対して生物は敏感に反応する．その典型的な例として，縄文時代から現在にいたる環境変化に対応した，日本列島沿岸域における貝類の移動分布があげられる（図12-8）．すなわち，温暖な沿岸域に生息する貝類が，1000年間に1000 km という非常に速い速度で分布を拡大し，また同じくらいの速度で分布を縮小することが明らかにされている．

(3) フランドリアン小氷河期

中世のヨーロッパは比較的温暖であったといわれているが，その後，西暦1300年ごろから1820年ごろまで，小氷河期とよばれる寒冷な時期が続いた（図12-9）．とくに北大西洋沿岸域では，それまでグリーンランドに定住していたバイキングが15世紀末に撤退したり，またオランダやドイツ北部の低地では，1695年に運河や港が凍結したという記録がある．この寒いヨーロッパの様子が，凍結した運河でスケートを楽しむ子どもたちの姿や景色として，主としてフランドル

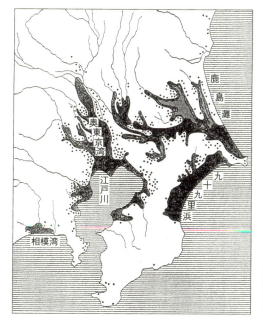

図12-7 関東地方南部の縄文海進期(6000年前)の古地理図. 当時の海岸線は出入りの多いリアス式海岸であった. この海岸線は縄文時代前期の貝塚の分布をもとにして描かれたものである. 貝塚は海岸に近いところにつくられたはずなので, 海はその近くにあったと推定される. ●は縄文時代前期の貝塚, 黒色部は6000年前の海域を示す. 東木(1926)より.

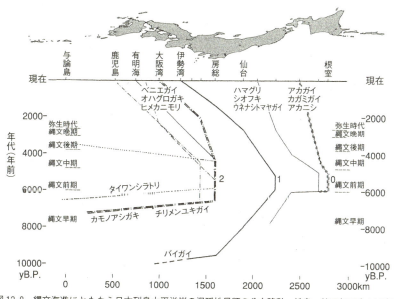

図12-8 縄文海進にともなう日本列島太平洋岸の温暖性貝類の分布移動. 松島・前田(1985)より改変.

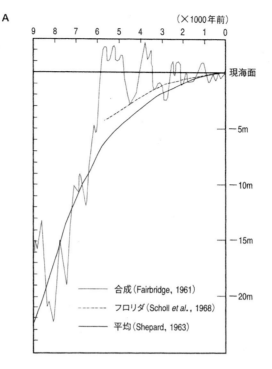
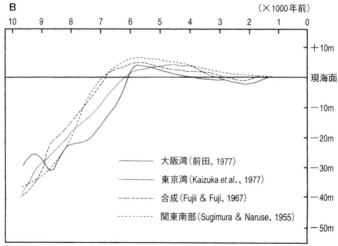

図12-6 完新世の海面変化曲線．A：世界の海面変化曲線．細い点線は太平洋周辺の地殻変動が活発な地域（隆起帯）を合成した曲線を示し，実線はヨーロッパや北アメリカの安定地塊（周氷河地帯）を平均した曲線を示す．Mörner(1971)より改変．B：日本各地の海面変化曲線．杉村(1977)より改変．

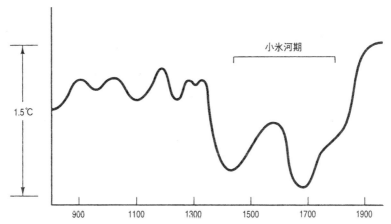

図12-9 オランダの運河が凍結し,市民がスケートをしている絵(小氷河期にフランドル学派の画家たちが好んで凍結した運河を描いた)(ケンブリッジ大学,フィッツウイリアムス博物館所蔵). 下のグラフは東ヨーロッパにおける過去1000年間の冬の気温変化を示す. Turekian(1996)より.

画派によって描かれた.このことから,この寒冷期をフランドリアン(Flandrian)小氷河期とよんでいる.一方,このころ日本を含む東アジアでも,小氷河期に相当する寒冷期があったが,その最盛期はヨーロッパのそれと時期的に一致しない.

約500年ほど続いたこの小氷河期の原因については,太陽の黒点活動にともなう太陽エネルギーそのものの変化にあるとする考えが有力である.1610年に,イタリアの天文学者ガリレオ・ガリレイ(Galileo, G.)が太陽の黒点観測をして以来,この小氷河期には,太陽の黒点数が顕著に少なかったという観測記録が残されている.しかし,これが太陽エネルギーの放出量に直接関与するかどうかについては,まだ確定されていない.

(4) 後氷期の日本海

日本海は氷期のたびごとに大きく環境を変えてきた.この環境変化のなかで生物もまた大きく変貌してきた.現在の日本海は,アジア大陸と日本列島にはさまれた縁海で,その平均水深は1350 m,最深部は3700 mである.隣接する海洋とは浅い海峡で接続し,それぞれの深さは間宮海峡で15 m,宗谷海峡で55 m,津軽海峡で130 m,そして対馬海峡で130 mである.日本海に流入するおもな海流(対馬暖流)は,対馬海峡から流入して日本列島沿いに流れ,津軽海峡から太平洋に流出する.暖流の一部はさらに北海道西岸に沿って北上し,宗谷海峡を抜けてオホーツク海に達している.黒潮の分流である対馬暖流は,暖かい水を日本海に運び込むので,冬の季節風が吹くと,日本海から蒸発した水蒸気が雲になって日本海に面した地方に多量の雪を降らせることになる.

日本海の150 m以深は,日本海固有水とよばれる低温(0.1-0.3℃),低塩分(34.0-34.1‰),高溶存酸素量(5-6 ml/L)の海水で占められている.この日本海固有水は,沿海州の沿岸表層水が冬季に冷却されて,深層部に沈降して形成されたと考えられている.

氷期になって海水準が100 m以上も低下すると,日本海は隣接する海洋と130 m程度の水深でしか接続していないので,簡単に隔離されてしまう.つまり,氷期になると日本海はいち早くほかの海洋から隔離され,孤立してしまうので,急激で大規模な環境変化が起こりやすいのである.

氷期における日本海の環境変動は,1979年,東京大学海洋研究所の白鳳丸航

海(KH 79-3)によって隠岐堆から採取された, 長さ10 mのコアによく記録されている. このコア試料について, 炭素14年代法によるきわめて精度の高い堆積年代(500-2000年間隔)が得られ, また堆積物や微化石(有孔虫, 放散虫, ケイ藻, 石灰質ナノプランクトン, 渦鞭毛藻)を用いたさまざまな解析が行われた. その結果, ドラマチックな環境変遷が日本海に起こっていたことが明らかになった(図12-10). すなわち, ①8.5万-2.7万年前は黄海と東シナ海から表層水が流入し, 弱い鉛直循環によって海底にある程度の酸素が供給された. ②3.0万-1.4万年前は周辺の河川から流入した淡水が表層部を覆って成層したために鉛直循環が妨げられ, 深海底は無酸素状態となって底生生物のほとんどが死滅した. ③1.4万-1.0万年前は北方より親潮が流入し, 鉛直循環が再開して, 北太平洋の浅海に生息するズワイガニやオオエッチュウバイなどの底生生物が侵入してきた. ④1.0万-0.8万年前は南方より対馬暖流が入りはじめ, 海中は酸化的な環境に転換し, 炭酸カルシウム補償深度が1000 m以浅まで急激に浅くなった. ⑤0.8万年前-現在は対馬暖流が継続的に流入し, 日本海固有水が形成され, 深海はきわめて酸化的な環境となる.

このような劇的ともいえる環境の変化は, 日本海を取り囲む海峡が浅いため

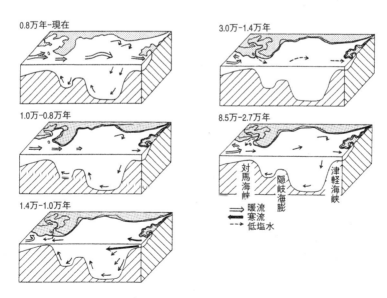

図12-10　8万5000年前以降の日本海の環境変遷. Oba et al. (1991)より改変.

に,海水準の低下によって周囲の海との連結が途絶えたことによる.周囲の海から孤立した後は,周辺陸地からの淡水の流入によって,海水の鉛直循環が妨げられ,深海部は無酸素状態となった.最終氷期が終わって,海水準が再び上昇しはじめると,今度は北方から親潮が直接日本海に流入し,鉛直循環が活発となる.そして,深海底にも酸素が供給され,親潮系の生物群集が侵入することになる.

12.3 人類の進化

(1) ヒトへの道のり

最古の原始霊長類は果実や昆虫などを主食とする小型の哺乳類で,サルというよりもリスに似たプルガトリウス(*Purgatorius*)であるとされている.プルガトリウスは北アメリカ大陸で白亜紀の後期に食虫類の仲間から分化し,鋭い爪を使って樹上で生活するようになった.やがて,北アメリカと陸続きであったヨーロッパからアジア,アフリカに拡散し,第三紀暁新世になって原猿類に分化し,さらに始新世の後期に真猿類へと進化していった.

最初に出現した霊長類はメガネザルやロリスのような原猿類で,食虫類とよく似た特徴をもっていた.樹上生活に適応し,嗅覚が退化する代わりに視覚が発達し,両眼が顔の前面に出ることによって,みる範囲が広くなり,遠近感のある立体視が可能となった.また,指の爪が鉤爪から木の枝などにつかまりやすい平爪に変わり,つぎに親指が小型化してほかの指と向かい合って物をつかんだり握ったりすることができるようになった.このように,より樹上生活に適応し,食性も果実食に変わっていった.1992年に京都大学霊長類研究所のグループが東南アジア,ミャンマーの始新世後期(約4000万年前)の地層から発見したアンフィピテクス(*Amphipithecus*)の頭蓋骨と上顎骨は,原猿類から真猿類に移行する段階の化石として,またアフリカではなくアジア地域で発見されたことでとくに注目されている.

真猿類は,左右の鼻孔の間隔が広い広鼻猿とその間隔が狭い狭鼻猿とに分けられる.広鼻猿は新世界ザルとよばれ,3500万年前,南アメリカ大陸がアフリカ大陸から分離したときに,南アメリカ大陸に隔離された真猿類が独自の進化

をとげたもので，現在では中米から南米にかけて45種が樹上に生息している．私たちの祖先にあたる狭鼻猿も，同じく3500万年前ごろに出現したと考えられ，エジプトの漸新世の地層から発見された歯が狭鼻猿類の最古の化石とされている．この大臼歯の形態は果実食性であったことを如実に示している．狭鼻猿類はオナガザル上科とヒト上科とに分類される．オナガザル上科は旧世界ザルともよばれて，現在，アフリカとアジアに約80種が生息している．一方，ヒト上科は漸新世の後期から中新世にかけて多様な種類の化石類人猿(エジプトピテクス *Egyptopithecus* やオリゴピテクス *Oligopithecus* など)を生み，中新世の後期になって類人猿(オランウータン科とテナガザル科)と人類(ヒト科)とに分化していった．これらの共通の祖先がアフリカ東部の中新世前期(約1800万年前)の地層から発見されたプロコンスル(*Proconsul*)である．プロコンスルは果実食によく適応した歯をもち，眉間にはヒトと類人猿との共通の特徴である前頭洞が発達している．しかし，骨盤の形態から判断して，まだ二本足で歩くことはできなかったようである(図12-11)．

(2) 森から草原に出た人類の祖先

霊長類は熱帯雨林の樹上生活に適応し，生理的にも形態的にも，また生態や行動においてもヒト化への基礎を形成していった．はじめは昆虫食であったが，やがて豊富な果実食や葉食に変わっていった．食性の変化は身体の大型化を誘発したばかりでなく，夜行性から昼行性へ，単独生活から集団生活へと生活型を変化させていった．樹上の生活は食物をめぐる競争者も少なく，また捕食者の脅威からも解放される楽園であったであろう．捕食者が少なかったことは，子どもを1匹ずつ生んでも子孫を維持することができ，子育てによって母子の密接な関係が生まれた．

類人猿は，現存ではアジアとアフリカに10種ほどしか生息していないが，漸新世から中新世にかけてはアフリカ，ヨーロッパ，アジアの広い地域を舞台に森のなかで大繁栄をとげ，多様な種類に分化していった．このなかの人類の祖先は，木に登るときに体重を支える後肢が発達し，枝をつかまえる前肢の可動範囲が広くなり，前肢を使って木から木へと渡り歩くようになった．この樹上生活のなかで木にぶら下がり，下肢をまっすぐに伸ばす姿勢をとることによって，地上での直立二足歩行に移る準備が培われていったと考えられる．

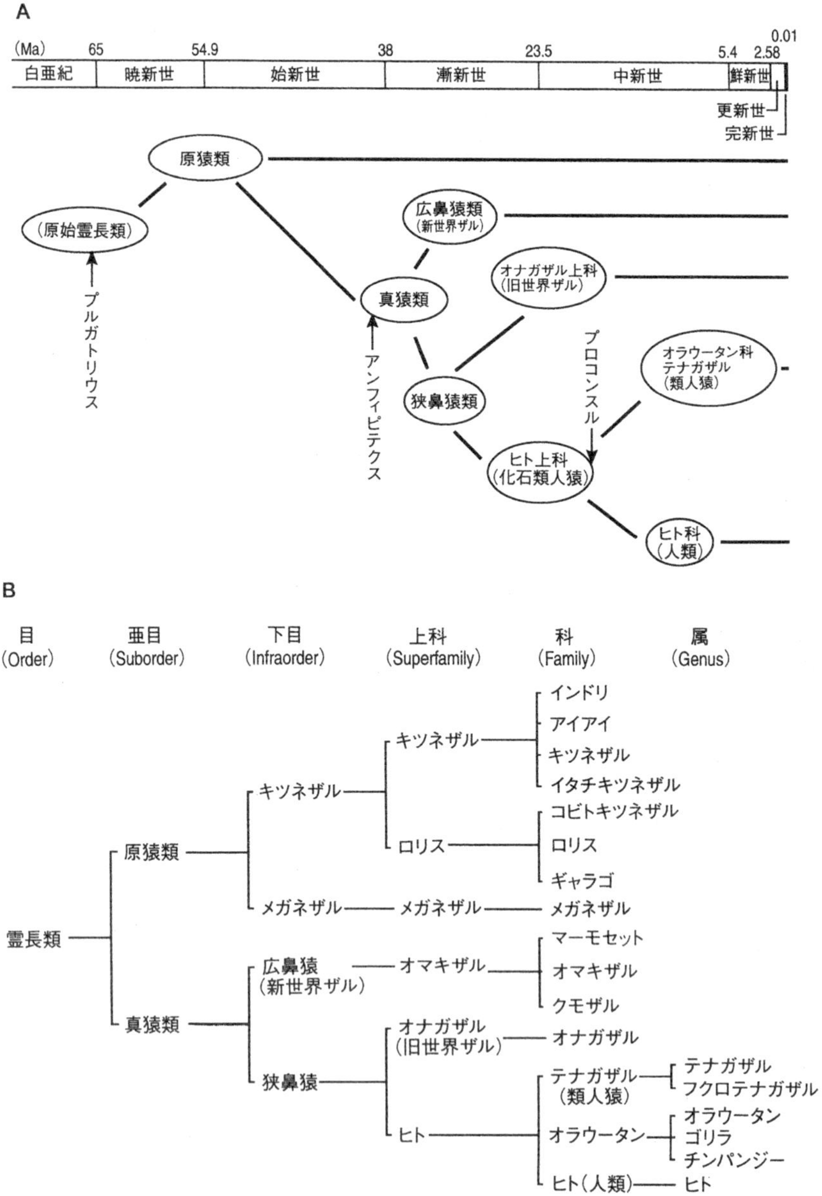

A

(Ma)	65	54.9	38	23.5	5.4	2.58	0.01
白亜紀	暁新世	始新世	漸新世	中新世	鮮新世		

更新世
完新世

- 原猿類
- (原始霊長類) ← プルガトリウス
- 広鼻猿類（新世界ザル）
- 真猿類 ← アンフィピテクス
- オナガザル上科（旧世界ザル）
- 狭鼻猿類
- プロコンスル
- オラウータン科 テナガザル（類人猿）
- ヒト上科（化石類人猿）
- ヒト科（人類）

B

目 (Order)	亜目 (Suborder)	下目 (Infraorder)	上科 (Superfamily)	科 (Family)	属 (Genus)
霊長類	原猿類	キツネザル	キツネザル	キツネザル	インドリ / アイアイ / キツネザル / イタチキツネザル
				ロリス	コビトキツネザル / ロリス / ギャラゴ
		メガネザル	メガネザル	メガネザル	メガネザル
	真猿類	広鼻猿（新世界ザル）	オマキザル		マーモセット / オマキザル / クモザル
		狭鼻猿	オナガザル（旧世界ザル）	オナガザル	
			ヒト	テナガザル（類人猿）	テナガザル / フクロテナガザル
				オラウータン	オラウータン / ゴリラ / チンパンジー
				ヒト（人類）	ヒト

図12-11 霊長類の進化系統と現生霊長類の分類．A：化石記録と遺伝子解析に基づいて作成された霊長類の進化系統図．B：現生霊長類の分類．名取 (1997) より改変．

地球規模の寒冷化と乾燥化がはじまった約1000万年前，アフリカ大陸の東部では，それ以前から活動していた地球内部からのマントル物質の上昇はますます激しくなり，隆起した大地は山脈となり，南北に裂けた大地の割れ目からは大量の溶岩が噴出した．やがて，裂け目の中心部が陥没して大地溝帯（グレート・リフト・バレー）が形成された．この大地の活動は7000万年前からはじまり，現在まで継続している．それまでの熱帯雨林は，この深い地溝帯とこれに沿う高い山脈を境にして東西に二分され，その東側は乾燥した草原に変わっていった．500万年前，熱帯雨林で暮らしていた類人猿の集団は東西に分離され，その西側の森林でかろうじて生き残ったのがチンパンジーやボノボ，ゴリラたちであり，東側では，それまで樹上生活をしていた人類の祖先がサバンナに徐々に移動していったと考えられている．

それでは，ヒト科はいつごろ誕生したのであろうか．遺伝子解析による分子時計では，その分岐の時期を700万–500万年前と推定している．しかし，これまでの化石記録は440万年前まで追跡されたが，その先は長い空白（ミッシング・リンク）となっていた．ところが，ごく最近になって，人類が類人猿と共通の祖先から分岐して，猿人として独自の進化をはじめた直後の化石が続々と発掘されはじめ，人類発祥の地を含めてこれまでの説は大きく見直されつつある．

これまでの化石記録では，類人猿から分かれてヒト科として最初に草原に適応していった直立二足歩行の人類の祖先は，ラミダス猿人（アルディピテクス・ラミダス *Ardipithecus ramidus*）であった．ラミダス猿人は1992–1993年に日米の調査隊によってエチオピア，アラミスの約440万年前の地層から発見された．その頭蓋骨や腕骨，乳臼歯のついた下顎骨は猿人と類人猿との中間的特徴をもち，とくに脊椎の通る大後頭孔が頭蓋底の中央に位置していることから，直立姿勢で二足歩行していたと推定された．その後に発見されたラミダス猿人の化石は580万年前までさかのぼり，さらに猿人化石（オローリン・ツゲネンシス *Orrorin tugenensis*）の発見によって，最古の人類の記録は630万–580万年前まで更新された．ここまでの化石はすべて東アフリカで発掘されたものであったが，2002年に発見されたトゥーマイ（Toumai）猿人（サヘラントロプス・チャデンシス *Sahelanthropus tchadensis*）は中央アフリカ，チャドの700万–660万年前の地層からのものであった．このトゥーマイ猿人の化石はほぼ完全な頭骨からなり，脳容積は約350 cc で，犬歯は短く，類人猿と猿人との特徴をあわせもっていること

が明らかにされている．しかし，頭骨以外の標本が未発見のために二足歩行していたという証拠はまだ得られていない．

これらの初期の猿人に続いて現れたのがアファール猿人（アウストラロピテクス・アファレンシス *Australopithecus afarensis*）で，1924年に南アフリカ，タウングの350万年前の地層から発見された子どもの頭骨であった．その脳容積はチンパンジーの300–400 cc よりもやや大きく，380–450 cc と推定された．その後，アファール猿人の化石は東アフリカから多数発見され，そのなかでも，タンザニア，ラエトリの3体の足跡化石（約350万年前）やエチオピア，ハダールの「ルーシー」（Lucy）とよばれる雌の骨格化石（約320万年前）は身長1mほどで，二本足で確実に歩いていたことを証明するものであった．また，エチオピア，ブーリのガルヒ猿人（アウストラロピテクス・ガルヒ *Australopithecus garhi*，250万年前）は，同時に産出した大型哺乳類の骨に石器を使用した痕跡を残していた．

直立二足歩行するのはヒトだけである．直立二足歩行によって手が歩行から解放され，手で物をつかんだり，投げたり，運んだりすることが，なおいっそう可能になった．その結果，物に細工を加えたり，武器にしたり，採集物を運搬したりすることができるようになった．そして，立ち上がった姿勢は木の実を採集するのに有利であったろうし，草原での広い視野が得られたであろう．さらに，直立の姿勢は頭骨が脊柱の真上に位置するようになり，口と鼻に対して食道と気管が直角に折れ曲がって広い咽頭腔をつくり出せたことが言語の発声を可能にし，脳の発達を促したと考えられる．人類は脳の容積を類人猿や化石人類の約3倍に増大させ，大脳を著しく発達させていった．草原は森に比べて食料が少なく，猛獣のいる危険な環境であったが，猿人たちはすでに霊長類段階から引き継いだ大きな脳をもち，直立して二本の足でたくましく草原に歩み出していた．

アファール猿人はその後，乾燥化の進んだ草原で食性の違いによって2つの系統に分化していく．すなわち，硬い種子や地下茎，乾いた果実などを食べるのに適応したエナメル質の厚い歯と頑丈な顎を発達させた系統（アフリカヌス猿人，エチオピクス猿人，ボイセイ猿人，ロブスト猿人など）と，動物の生肉を食し，幅広い資源を活用することで石器を開発し，脳を大型化させた原人の系統である．前者の系統はあまりに特殊化したためか，100万年前ごろにはすべてが絶滅してしまった．後者の系統は240万年前に誕生した現代人の直接の祖先と

なる「手先の器用な人」,ホモ・ハビリス(Homo habilis, ホモ属の最初の種, 原人)で, タンザニアのオルドヴァイ渓谷からの頭骨化石は約600 ccの脳容積を示していた. そして, 180万年前になると脳容積を850 ccに増大させ, 顎や臼歯の著しく小さな新タイプの原人, ホモ・エレクトス(Homo erectus)が現れた. 彼らは石器と火を使用して, 100万年前ごろ, アフリカから陸伝いにシナイ半島を経てユーラシア大陸の熱帯と温帯地域に拡散し, 各地で独自の進化をはじめた(図12-12).

ホモ・エレクトスは, 1940年にドイツの解剖学者ワイデンライヒ(Weidenreich, F.)によって, 「ジャワ原人(Pithecanthropus electus)と北京原人(Sinanthropus pekinensis)は, ともに同一種の地域的亜種である」とされ, それぞれを Homo electus electus と Homo electus pekinensis とした分類に基づいている. ジャワ原人は, 1891年にオランダの解剖学者デュボア(Dubois, E.)によってインドネシア, ジャワ島のトリニールで発見され, サル的な頭(脳容量約850 cc)とヒト的な大腿骨をもつことで特徴づけられ, 約100万-90万年前のものとされている. 北京原人は1927年に中国, 北京郊外の鶏骨山(周口店)で発見された1本の大臼歯に基づき, カナダの解剖学者ブラック(Black, D.)によって命名されたが, その後, 1929年に中国の考古学者斐文中により, ほぼ完全な頭蓋骨(脳容量850-1220 cc)が発見され, 約50万年前とされている. しかし, この頭蓋骨は1941年, 太平洋戦

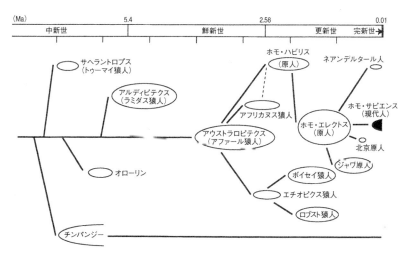

図12-12　猿人から原人への進化系統図. 諏訪(1995)より改変.

争の勃発とともに紛失したままとなっている．また，洞窟内の灰や焼けた骨の分析から火の使用が確認され，頭蓋骨底部の破損から食人が行われていたと考えられている．

(3) ホモ・サピエンスはどこで誕生したのか

猿人段階の化石はすべてアフリカで発見されているので，人類の発祥地がアフリカであったことはほぼ確実である．そして，およそ100万年前に，原人，ホモ・エレクトスがアフリカから世界各地に拡散していったところまでは異論がない．このように人類は数百万年間，アフリカで過ごしたことになる．そして，100万年前にアフリカを出て独自の進化をとげ，東アジアではジャワ原人（約100万-20万年前）や北京原人（約50万-35万年前）に，そしてヨーロッパでは旧人のネアンデルタール人（Neanderthal, *Homo sapiens neanderthalensis*, 約25万-3万年前）に分化していった．

これらの原人や旧人が新人である現生人類「知恵のあるヒト」，ホモ・サピエンス（*Homo sapiens*）の祖先になるのであろうか．これまでの「多地域連続進化説」では，ジャワ原人はオーストラリア先住民に，北京原人はアジア人に，そして，ネアンデルタール人はヨーロッパ人のような人類集団をそれぞれ誕生させたとしていた．しかし，最近では「アフリカ単一起源説」が有力となっている．それは最初，現代人のミトコンドリアDNAの変異に基づく分子遺伝学からもたらされたものであり，「約20万年前のアフリカで，ホモ・エレクトスから進化した新しいタイプの人類が世界各地に進出し，それまでの人類に代わって繁栄した」というものである．したがって，それまでの原人や旧人の子孫はすべて絶滅し，新たな系統が20万-10万年前にアフリカから世界各地に拡散し，その拡散の過程で各地の環境に適応した体型や肌の色を少しずつ変化させ，現在みられるような人種を形成していったものと考えられる．

約4万年前ごろ，ホモ・サピエンスは高度で精巧な石器を用いて集団で大型哺乳類を狩猟し，徐々に熱帯から砂漠や高山地帯に，そして寒帯域にまで居住域を広げ，いつのまにか地上で最強の猛獣になっていった．その後，更新世末期に地球を襲った激しい気候変動によって，人類は身体的にも文化的にもより進んだ適応能力を強いられ，寒冷化による海面低下によって新世界への進出を可能にした．そのころの東南アジアの島々は大陸と陸続きであり，オーストラ

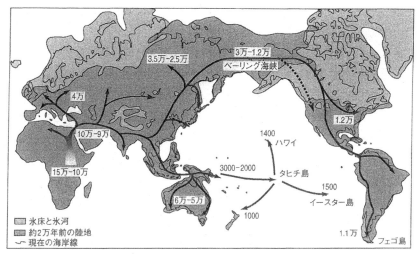

図 12-13 アフリカ単一起源説に基づく人類（ホモ・サピエンス）の拡散と移動経路．数値は「年前」を示す．中橋（1997）より改変．

リアもニューギニアやタスマニアとともに1つの大陸を形成していた．1万2000年前にシベリアから陸伝いにベーリング海峡を渡った人類は，サルからヒトに進化して，およそ3000万年ぶりにかつての故郷，北アメリカに戻ってきたことになる．さらに，南アメリカの南端にまで分布を拡大していった（図12-13）．

日本人の起源については，日本列島のなかで人種が入れ替わったという「人種交代説」，東南アジア系の土着集団の縄文人が東北アジア系の渡来系弥生人と混血したという「混血説」，また縄文人がそのまま進化したという「移行説（連続説）」がある．いずれにしても土着の縄文人は弥生人によって東北と西南に分断され，それぞれアイヌ人と沖縄地方人の原型を形成したことは確かである．日本列島では，縄文人の特徴をもつ沖縄本島の港川人（1万7000年前）が，現在までのところ最古の人骨として知られている．

(4) 1万年前の人口爆発

アファール猿人の時代から旧石器時代まで，人類の祖先は，狩猟と採集の生活をしていたため，つねに獲物を求めて移動していた．最終氷期の終わる1万2000年前ごろから新石器時代がはじまり，温暖化しはじめた1万年前には，人類は人口を爆発的に増加させるとともに，地球の隅々まで動物を追って移動し

ていった．そして，「寒の戻り」，ヤンガードリアスの寒冷化のなかで人類は人口の増加と食料の危機に直面したのである．

　農耕はこの困難な状況を打開するために生まれた技術開発であった．最初の農耕は1万1000年前に西アジア，ユーフラテス川中流の肥沃な三日月地帯ではじめられ，コムギなどのイネ科植物とマメ類が栽培されたことが知られている．イネ科植物は乾期には種子として生き残り，雨期に発芽するという氷河期の激しい環境に適応した一年草である．人類はこのイネ科の植物と出会い，狩猟採集から農耕と家畜に強く依存する生活を開始した．とくにムギという栄養価に富み，かつ貯蔵ができて生産性の高い植物を得たことによって，ますます人口増加を加速させていった．5000年前の世界人口は約1億人くらいであったであろうと推定されている．農耕は人類の生活の場を一定の地域に定着させた．そして，生活の場となった村落共同体は，宗教や言葉，文字を発達させ，道具や土木技術を加速度的に発展させ，今日の都市文明を発祥させる原動力となった．つぎの青銅器時代を迎えて，人類は地下資源を活用しはじめ，鉄器時代に入ってから，それらの使用はさらに加速され，産業革命を経て，自然を積極的に改造しはじめた．

(5) 地球と人類の未来

　日周や潮汐リズムを記録したストロマトライトやサンゴ，二枚貝などの研究から，過去の地球の1年は日数が多く，1日が短かったことが明らかにされている．このことは潮汐作用による摩擦によって，地球の自転速度が減速してきたことを示唆している．また，過去2世紀にわたる天文観測によって，潮汐による摩擦は1日の長さを毎年10万分の2秒だけ長くしていることもわかってきた．これらのことを考慮すると，46億年前の地球は1年の長さが現在の2倍もあった．そして，今後は地球の自転が減少して，ついには停止してしまうであろう．それは，計算によればおよそ40億年後ということになる．

　「地球上のあらゆるものは有機的に結びついた1つの生命体として機能し，進化してきた」という考え方がある．生命誕生以来の地球は，それ自体が環境の自己制御機能をもち，自然法則の下でこの機能を正常に働かせてきた．ところが，人類の出現以降の地球はこの法則から離脱しはじめ，自己制御機能を失いかけている．生物界で人類の存在はきわだっている．いまや人類は地球上の

あらゆる領域に進入し，そこを支配している．そして，生物界を支配してきたこれまでの法則すら，人類にあてはめることはできなくなっている．人類が手にした農業は，人類が地球に手を加え，地球の環境を自らコントロールしはじめた最初の行為であった．また，ヒトをほかの動物とは違った道へ進むきっかけをつくったともいえる．このように人類の出現によって，全陸地面積に占める森林面積の割合は，それ以前の2分の1から3分の1に減少し，さらに数十年後には6分の1以下になってしまうであろうと予測されている．

これまでの地球の歴史が示すように，地球生命にはかぎりがあり，けっして永遠のものではない．人類がいつまで繁栄できるかはともかくとして，地球そのものもいずれは消滅する運命にある．今世紀には，人口が100億を越えるであろう．しかし，食料は80億人分しか賄えないという．人類は再び深刻な人口問題に直面することになる．かつては農業によってこれを切り抜けたが，今度はどのような対処をするのであろうか．1969年，アポロ11号の月着陸によって人類は宇宙への進出を可能とし，将来は宇宙空間やほかの惑星に移住することになるであろう．1991年にアメリカ，アリゾナの砂漠に建設された「バイオスフェア2」や1998年に日本ではじまった「バイオスフェアJ」は，閉鎖空間に地球の生態系の一部を再現し，そのなかで動植物の食物連鎖を成立させ，地球の物質循環をつくりあげるという計画である．これらの計画は，人類が「第2の地球」を宇宙空間やほかの惑星につくって，そこに進出するための準備にほかならない．また，火星に移住するための壮大なテラフォーミング(Terraforming, 地球環境化)計画は，まず火星の極地を覆っている炭酸ガスを溶かして温暖化し，つぎに大量の氷を溶かして海をつくり，そして生物の力を借りて大気を炭酸ガスから酸素に変えようというものである．この計画の基本は地球が長い年月かけてやってきたことそのものであり，これを火星で時間を短縮して再現するだけのことである．

すべての生物が環境に適応して自身を変化させていくのに対して，たった1種の生物(ヒト)だけが，この自然の法則から逸脱しはじめた．人類は環境に適応するように自身を変化させるのではなく，環境を自分たちの都合のよいように変えることで，地球上の地位を確立してきた．たとえば，寒さに対応するため，毛の生えた皮膚や厚い皮下脂肪を発達させる代わりに，衣類をまとい，暖房装置を工夫した．また，獲物をつかまえる敏捷な機能を進化させる代わりに，

道具を開発した．このように，人類は知性を用いることで，自身を変化させずに，あらゆる環境への適応を可能にしてきた．そして，いまや自然選択による人類の改良や改変はなくなったかにみえる．人類に関するかぎり，進化は止まってしまったのであろうか．

　人類は自然から受ける淘汰圧を科学の力で変更してきた過程で，自身の自然に対する適応性をますます減少させている．このように，進化の例外的な道を選択してしまったため，人類はもはや後戻りすることはできなくなっている．そして，科学の力なくしては生存できなくなっているのである．科学技術によって支えられている私たちの生活を維持するために，さらなる技術開発が強いられ，その結果，もともと自然界には存在しなかった多くの物質まで生み出してしまった．最近，大きな問題として取り上げられている環境ホルモン物質がそのよい例である．微量とはいえ，この影響は確実に生物を蝕んでいる．私たちは快適さ，便利さを追求した代償として，自らホモ・サピエンスという種の絶滅を早めることになるかもしれない．

13 生命の多様性

　地球上には多くの生命が誕生し，その多くは滅びていった．生命史上，真核生物が生まれるのに20億年以上の時間を要したのに対して，陸上動物の歴史はたかだか4億年であり，「人間」はといえば，樹上から降りて二足歩行をはじめてから，まだ500万年しかたっていない．これまでに知られている生物種は，絶滅種を含めて200万種ほどであるが，最近では海底熱水噴出孔をはじめ，地下深部や温泉，油田などさまざまな極限環境から多くの生物の存在が明らかにされはじめた．これらの未知の環境に生存する微生物などを含めると，1億種を越える生物種が現存すると見積もられている．したがって，これまでに地球上に存在したすべての生物種の総計はこの10倍あるいは100倍と見積もられるかもしれない．

　私たち人類だけがこれらの生物の頂点にいるわけではなく，すべての現生生物は，それぞれが長い進化の道筋を歩んできたのであり，それぞれがみな進化の頂点にいるといえる．すなわち，「哺乳類は細菌よりも高等であり，より進化している」という見方は，必ずしも正しいとはいえない．むしろ「単細胞の細菌のほうが高等生物よりも進化している」ともいえるのである．細菌の世代時間のほうが哺乳類よりも格段に短いので，祖先から伝わる性質の改変率も高くなる．したがって，長期間のあらゆる試練にさらされ，より適応した形質に改変されていると考えることもできるのである．

　地球上に生息するすべての種は1つの系統の上になりたっている．この生物進化の道筋の一部は，私たちの個体発生の過程にみることができる．すなわち，海のなかでの進化は「子宮のなかで単細胞からはじまり，やがて魚の鰓のような裂け目や尾が形成され」，海から陸への進化は「胎児の誕生の瞬間に空気呼吸に切り替わる」という現象に現れている．進化という言葉は最初，この子宮のなかの胚の成長に対して使われたもので，単純なものからしだいに複雑なものへと変化していく過程として用いられた．しかし，今日では，進化は単純なものから複雑なものへと変化するもののみをいうわけではなく，進化を一言で定

義するなら,「世代を経て受け継がれていく性質が変化していくこと」となる.

13.1 生物進化

(1) 生物進化とは

　生物が進化するには何万年もの長い時間を必要とするので,その証拠は化石記録に頼らざるをえない.しかし,生物の進化が普遍的なものであるならば,すべての生物は現在進行形で進化しているともいえる.進化とは,親から子へと世代が受け継がれていく過程のなかでしか起こりえないから,必ず個体を経由する.したがって,いま生きている生物の個体を調べることによって,現在進行形の進化の瞬間をとらえることができるに違いない.

　生物進化が起こるためには,その生物のさまざまな性質が子孫に引き継がれていくことが必要である.時間や世代を越えて性質を引き継ぎ,情報を伝達するには,複製という機構が使われる.現生生物と過去の生物とを結びつけているのは遺伝子による複製の過程であり,この複製されていく過程で,伝えられていく性質や情報が変化することが生物進化なのである.

　生物個体に現れる性質を「表現型」とよんでいるが,この性質は親から遺伝子によって伝えられたものと,その個体が育った環境が関与してつくられたものとがある.このうち,進化する性質は遺伝子が関与し,子どもに伝えられるものでなければならない.親から子へ伝えられる性質は,たがいに交配し合っている個体の集団のなかでのみ広まりうるものである.いま,ある交配集団の一部がなんらかの理由で隔離され,もとの集団との交配ができなくなった場合を想定してみよう.隔離された集団のなかに新しい遺伝子が生じたとしても,その遺伝子はもはやもとの集団に広がることはできない.また,もとの集団中に生じた変化も,隔離された集団のなかに引き継がれることはない.つまり,集団が2つに分かれれば,2つの集団はそれぞれ異なった進化の道を歩むことになる.

　このように,1つの集団が長期にわたって継続するよりも,いくつかの集団に分かれ,それぞれが別々の方向に変化することのほうが,より多様な生物が生じる可能性が高くなる.ここで「生物進化とはなにか」という問いに対しては,

「1つの遺伝子交配集団がどのようにして複数の集団に分かれるのか，個体の性質を変化させる突然変異はどのようにして生じるのか，変化した遺伝子はどのようにして，またどのような速度で集団のなかに広まっていくのか」を理解することであるといえる．

(2) 進化論

生物が進化することをはじめて認識し，進化の要因を科学的に説明しようとしたのはフランスの博物学者ラマルク(Lamarck, J. P.)であった．ラマルクは『動物哲学』(1809)のなかで，「動物の器官の発達と機能はその使用頻度に比例し，個体が一生の間に得た新しい形質は子孫に遺伝する」と述べた．よく引き合いに出される例としては，「キリンの首と脚が著しく長いのは，高い木の葉を食べるために前脚と首を伸ばすので，この器官はよく発達し，これが代々子孫に伝わって現在の体型ができあがった」，あるいは，「洞窟や深海生物の視覚器官がしばしば退化しているのは，暗黒の世界で長いこと眼を使用しなかったためである」というような論理である．これらの学説は「用不用説」および「獲得形質の遺伝説」とよばれ，現代では受け入れられない学説であるが，「生物の環境への適応」については，つぎのダーウィンの自然選択説で説明することができる．

「生物が進化する」ことを多くの人が認めるようになったのは，1859年にダーウィンが『種の起源』を出版してからのことである．それまでは，ラマルクの適応進化論をはじめ，いくつかの進化学説が提唱されてはいたが，「すべての生物は天地創造の際に神によってつくられた」という当時の思想に阻まれて，進化論が広く一般に普及するまでにはいたらなかった．奇しくもダーウィンが生まれた1809年はラマルクが進化論を出版した年であり，その50年後にダーウィンの進化論が刊行されている．ダーウィンは進化の主要な要因を自然選択で説明したが，まだ遺伝子の概念はもっていなかった．メンデルの遺伝法則が発表されたのが1866年のことであり，さらにこの法則が再発見されたのは1900年になってからである．

チェコの神父メンデル(Mendel, G.)は，僧院の花壇でエンドウマメの種子のかたちや茎の高さなどのたがいに対立する形質を独立に取り上げて，交配実験を行い，「茎の高いエンドウと低いエンドウを交配すると，雑種1代目には茎の高

いものだけが生まれ，両親のもつ対立形質のうちの片方の形質だけがつぎの世代に現れる．この次世代に現れた形質を優性とし，現れなかった性質を劣性とすると，雑種1代間の交配では，2代目に現れる対立形質の優性と劣性の割合が3：1に分離して現れる」ということを発見した．さらに，親の異なった対立形質はそれぞれ独立に伝達されることを示し，1866年に「植物雑種の研究」と題する論文で，「生物の遺伝的形質は体内の遺伝因子によって決まる」ことを発表した．しかし，この法則は，1901年にオランダの植物生理学者ド・フリース(de Vries, H.)のオオマツヨイグサの交雑実験から導き出された突然変異説によって，新しい形質がメンデルの遺伝法則にしたがって遺伝することが再発見されるまでは認められなかった．このようにして，「親の形質がつぎの世代に伝達される様式」は示されたが，「親の形質が遺伝する」ことが事実として明らかになるのは，遺伝子の実体が明らかにされ，遺伝のメカニズムが分子生物学的に解明されるまで待たねばならなかった．

ド・フリースによって発表された「まれに起きる遺伝的変異こそが進化の重要な要因である」とする突然変異説は，「連続的な変異の積み重ねが進化の原動力となる」というダーウィニズムと対立するものであった．また，1902年にドイツの動物学者ワイスマン(Weismann, A.)は，「生物の体細胞と生殖細胞のうち，生殖細胞の性質だけが次世代に伝わる」として，ラマルクの獲得形質の遺伝を否定した．そして，「生殖細胞内に起こる小さな変化の蓄積や雌雄の生殖細胞の性質の混合によってさまざまな変異が生まれ，これらの変異のなかのいくつかが自然淘汰によって残される」として，ダーウィンの進化学説を修正した．これが新ダーウィニズムとよばれるものである．このように，「遺伝子の変化が原因となって自然選択の前提となる変異が生じる」と考えられるようになった．そして，遺伝子型(genotype)と表現型(phenotype)の概念が導入され，変異の維持機構を説明するハーディー・ワインベルクの法則をはじめ，集団中の遺伝子頻度の変化を数学的に扱う集団遺伝学が発達していった．

1920年ごろには，アメリカの生物学者モルガン(Morgan, T. H.)によるショウジョウバエを用いた実験遺伝学が遺伝現象をくわしく解析し，進化学における粒子遺伝を不動のものとした．このように，今日の進化学は遺伝学を抜きにしてはなりたたない．

Box-11 ダーウィン

　チャールズ・ダーウィン(Charles Darwin, 1809-1882)はイギリスの生物学者で，1831年，弱冠22歳のときに軍艦ビーグル(Beagle)号による世界周航の旅に出た．この足かけ5年にわたる航海で世界各地の動植物や地質を見聞し，「種は不変のものではなく，現存する生物はすべて共通の祖先をもち，自然選択が進化の主要な要因である」という考え(自然選択説)に到達した．そして，1859年に『種の起源』を出版した．彼がこの生物進化の考えに到達するにあたっては，ビーグル号への乗船を勧めたケンブリッジ大学のヘンスロー(Henslow, J. S.)教授から贈られたライエル(Lyell, C.)の『地質学原理』(1830-1833)を航海中に読んだことが大いに参考になっているといわれている．また，1838年に読んだマルサス(Malthus, T. R.)の『人口論』からヒントを得て，「生物の著しい多産性と，動植物の人為選択による品種改良を考え合わせ，変異のある集団のなかで有利な個体が生き残る」という自然が環境に適したものを選び出すことによって進化が起こるという考えに到達した．ほとんど同時期，ダーウィンとは独立にマレー群島で長年にわたって動物の採集・観察をしていたイギリスの動物学者ウォーレス(Wallace, A. R., 1823-1914)は，ダーウィンの自然選択説とほとんど同じ考えをもっていた．ウォーレスはそれを論文にまとめて，1858年6月にダーウィンに送っている．これをみたダーウィンは驚き悩んだという．ダーウィンはとりあえず7月のリンネ学会では2人の名でこの学説を発表し，大急ぎで著作を完成させ，翌年の秋に『種の起源』が出版されたといわれている．

　このダーウィンの進化学説のなかで，とくにヒトの起源に関しては，当然のことながら，当時，激しい反発を受けた．しかし，イギリスではハックスリー(Huxley, J. S.)，ドイツではヘッケル(Haeckel, E.)によって強く支持された．また，日本では1870年代になって，来日したドイツのヒルゲンドルフ(Hilgendorf, F.)と東京大学に動物学の外人教師として招かれたアメリカのモース(Morse, E. S.)によって伝えられた．日本語では，石川千代松がこれを口述筆記して，1883年に『動物進化論』として出版している．このように，ダーウィンの進化学説は1880年代には世界中に広く受け入れられ，生物学のみならず人類の思想に大革命をもたらした．

Box-12 ハーディー・ワインベルクの法則

　ハーディー・ワインベルクの法則は，メンデルの遺伝法則と生物集団の任意交配を仮定して，1908年にイギリスの数学者ハーディー(Hardy, G. H.)とドイツの医学者ワインベルク(Weinberg, W.)が独立に解いた「進化のない集団の法則」である．それは，「突然変異遺伝子をもつ個体がもとの遺伝子の個体に比べて，ホモ・ヘテロの両方とも適応値(生存力や繁殖力)に差がなく，また個体間の交配がまったく無選択に行われ，しかも集団が充分に大きく，ほかの集団からの移入やほかへの移出もないとすると，対立遺伝子の集団内の頻度は何代たっても不変である．つまり進化は生じない」とするものである．このような生物集団がもっている遺伝子(遺伝子プール)のなかから，1組の対立遺伝子 A と a に着目し，両遺伝子の相対的な頻度をそれぞれ p および q とする($p+q=1$)．この集団を構成する個体の遺伝子型にはホモ(AAとaa)およびヘテロ(Aa)の3種類があり，これらの任意交配の結果生ずる子の世代での各遺伝子型(AA, Aa, aa)頻度の期待値は，下記の式により，それぞれ p^2, $2pq$, q^2 と表すことができる．

$$(p+q)^2 = p^2 + 2pq + q^2$$

したがって，子の世代の対立遺伝子(A, a)の相対的な頻度の期待値(p', q')は，

$$p' = p^2 + pq = p(p+q) = p, \quad q' = q^2 + pq = q(p+q) = q$$

となり，前の世代と同じ頻度になる．その後の世代についても，集団の条件が変化しないかぎり，それぞれの遺伝子頻度は変わらない．自然界では上記に仮定されたような状態の生物集団は実際には存在しないので，進化が起こりうることを示している．この法則は生物進化を考えるうえで，「集団の遺伝的構造の平衡状態，すなわち進化の起こらない状態」を基準点として，生物進化はこの遺伝的平衡からの確率的な誤差(遺伝的浮動)と系統的な誤差(自然選択)によって生じるという集団遺伝学理論の基本となっている．

(3) 現代の進化論

　現代進化論の中心となっている進化総合説は，1930年代後半のイギリスのフィッシャー(Fisher, R. A.)やホールデン(Haldane, J. B. S.)，またアメリカのライト(Wright, S.)などによる集団遺伝学がもとになっている．生物集団(個体群)の遺伝的性質(遺伝子頻度)の時間的・空間的変化を理論的に追求する集団遺伝学は，ダーウィンやメンデルにはじまる自然選択説と粒子遺伝学を結びつけ，さ

らにこの理論は自然集団に適用されて進化総合説の基礎となった．そして，モルガンに師事したロシアのドブジャンスキー(Dobzhansky, T.)は1937年に『遺伝学と種の起源』を発表し，自然集団で観察される微小な進化が積み重なって大きな進化になることを説いた．

そもそも進化の総合説とは，ダーウィン進化論とメンデル遺伝学の流れをくむ学説で，これにかかわる多くの分野で合意の得られた進化学説を総合したものである．1940年代には，イギリスのハックスリー(Huxley, J. S.)，アメリカのマイヤー(Mayr, E.)やシンプソン(Simpson, G. G.)などによって遺伝学に基づく進化の要因論が議論され，生物進化の単位は個体ではなく個体群であるという集団の概念と種の概念が定着した．そして，ガの工業暗化やカタツムリの被食の季節変化などの研究は，自然選択がたんなる理論ではなく，実際に自然界で起こっている現象であることを実証し，少なくとも表現型レベルの小進化についての進化総合説は正当な進化学説として認められた．

1953年，ワトソン(Watson, J. D.)とクリック(Crick, F. H.)によるDNAの二重らせん構造の解明を契機として急速に発展した分子生物学は，進化学にも大きな影響をおよぼした．そして，DNAの塩基配列として決定される遺伝情報はDNAからタンパク質に伝達されるが，その逆，すなわちタンパク質からDNAには伝達されないことが明らかとなった．これによって獲得形質の遺伝は起こりえないことが決定的となり，ラマルク説に終止符が打たれた．

DNAの塩基配列は複製の単位であるが，その構造は突然変異によって変化する．この塩基配列が「どのように変化していくのか」という問題が分子進化学のもっとも重要なテーマとなった．そして，分子進化の研究は異なる生物間でのタンパク質のアミノ酸配列やDNAの塩基配列を比較することからはじまった．同じ祖先から引き継いだ同じ部位のDNAの塩基配列やタンパク質のアミノ酸配列が，どこまで同じでどこが違うのかを比較したのである．たとえば，大腸菌とサルモネラ菌のDNA配列の一部を比較するとつぎのようになる．

大腸菌　　　　GCCGATGACGACCTGCTGCGCCAG|ATA|GCC
サルモネラ菌　GCGGATGACGATCTTCTGCGCCAG|GTC|GCA

ここで，塩基は太字のところで違っており，アミノ酸は枠で囲ったところで異なっている．このようにして，DNA塩基やアミノ酸がいくつ異なっているかが生物の近縁関係を示す目安となる．

Box-13 工業暗化

　19世紀の初頭までに採集されたイギリスのオオシモフリエダシャク(*Biston betularia*)というガの標本は，すべての翅が明色型であった．ところが，1849年に暗色型の翅をもつ個体がはじめて発見され，この暗色型は1870年代に増加しはじめ，1890年代に入るとその割合は従来の明色型を上まわるようになった．さらに，1900年には，マンチェスター付近で捕獲したこのガの98-99%が暗色型になっていた．わずか半世紀の間に，ガの個体群の表現型が入れ替わってしまったのである．この現象は，産業革命以来の石炭の煤煙によって，工業都市部の樹木の幹が黒ずむとともに，樹皮を覆っていた白っぽい地衣類などが枯れてしまったことが原因であるとされている．このガは夜行性で，昼間は木の幹にとまっている．地衣類で覆われた白っぽい幹の上では明色型が保護色となり，反対に煤煙で汚れた幹の上では暗色型が保護色となる(図13-1)．このガを餌とする小鳥によって，それまでめだたなかった明色型が工業暗化(industrial melanism)によって発見されやすくなり，捕食の対象となって個体群から間引かれていったというわけである．暗色型は突然変異による多型(polymorphism)であるが，以前は不利であった形質が汚染によって黒ずんだ幹では有利に働くこととなった．

　このような工業暗化の現象は，ヨーロッパや北アメリカなどで100種以上の昆虫で知られ，環境の変化で方向性淘汰が起こり，種の遺伝子プールが変化することが実証されている．最近では，これらの工業地帯で煤煙防止策がとられたことによって，黒ずんだ木の幹に再び地衣類が繁殖するようになり，オオシモフリエダシャクの明色型個体が増加しはじめている．このことからも，自然淘汰がいかに速やかに働き，また鋭敏であるかがうかがえる．

図13-1　オオシモフリエダシャクの多型．Patterson(1999)より．

生物の形態，組織，器官の進化はダーウィンの自然淘汰説で説明できるが，遺伝子レベルの進化はこれでは説明できない．形態は分子によって構成されているのに，なぜ分子に有利な突然変異が残されないのか疑問である．現在，この表現型レベルの進化と遺伝子レベルの進化をいかに統一的に理解するかということが課題となっている．1970年代に入って，さまざまな新しい概念や進化理論が提出された．そのなかでも，分子進化の中立説は1968年に国立遺伝学研究所の木村資生によって提唱された進化学説で，数理的な集団遺伝学の理論に基づいている．それは「タンパク質の機能上，重要な部位のアミノ酸を変化させるような突然変異が遺伝子に起こると，その機能が失われるか低下するので，その個体は相対的に子孫を残しにくくなる．しかし，突然変異がタンパク質の機能を損なわないような中立の部位に起これば，それは集団内にある確率で広がる．したがって，分子レベルの進化は淘汰に無関係で中立的な変異が集団中に偶然に広まった結果である」というものである．このように遺伝子の変化は，生存に有利な自然選択によって引き起こされるものは少なく，大部分は生物にとって有利でも不利でもない中立的な突然変異が遺伝的浮動によって集団内に偶然に広まり，蓄積することによって起きる．すなわち，不利な形質をもたらす突然変異を集団に広げない負の自然選択が働いていることも確かである．

　ここでいう中立的な突然変異とは，あくまでも分子レベルでの変化であり，これが直接に表現型として自然選択のふるいにかけられるわけではない．

(4) 断続平衡説

　1970年代になって，生物進化の過程で，形態の中間型が化石記録に欠如する現象は，それまでの漸進的進化観と明確に対立する断続平衡説 (punctuated equilibria) として再認識されるようになった(図13-2)．そのきっかけは，1972年にエルドリッジ (Eldredge, N.) とグールド (Gould, S. J.) が提唱した分断平衡のモデル (断続進化説ともいう) で，「化石記録にみられる生物の形態進化は断続的で，飛躍と停滞を示している．すなわち，種分化時に飛躍的に引き起こされた形態の変化は，その後長期にわたって種の特性として保守的に維持される」というものであった．この急速な形態変化の原因は，マイヤーの種分化理論，すなわち「種分化は種の主たる分布域の個体群からではなく，分布の周縁域の個体群から，あるいはまた小さな集団に隔離された個体群から生じる」という異所的種分化

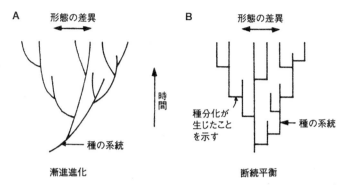

図13-2 漸進的モデルと断続的モデルに基づく系統樹．A：漸進進化を示し，形態の変化は種内の個体が徐々に変化していくと考える．B：断続平衡を示し，形態の変化は種分化のときに生じ，その後，形態は変化しないと考える．

(allopatric speciation)で説明された．その後，スタンレー(Stanley, S. M.)は急速な形態変化の主要因として種選択(species selection)を取り上げ，「種分化は突然変異に似てあらゆる方向に起こるが，そのなかである方向に向いた有利な種がつぎつぎに選択される．したがって，種選択によって生じる形態変化の速度は単一の進化系列内で起こる形態変化に比べてはるかに大きい」とした．自然選択は遺伝的変異のある集団中の個体が標的となって起こるが，遺伝子や個体群，種に対しても異なったレベルの選択が働くと考えられる．

　自然淘汰における個体群の特性を変化させる働きが進化の原動力となり，また個体群の既存の特性を維持するという保守的な働きが進化を停滞させる原因となる．これらのことを集団遺伝学的に説明すれば，突然変異遺伝子が個体群内で既存の遺伝子との競争に打ち勝ったとき，表現型変異個体は集団内に定着するが，逆に競争に負けたときにはその定着が妨げられることになる．自然に起こる遺伝子突然変異の頻度(自然突然変異率)はかなり小さい．たとえば，大腸菌のストレプトマイシン抵抗性では4×10^{-10}，キイロショウジョウバエの褐色眼では3×10^{-5}程度である．この突然変異遺伝子の集団内での定着は個体群の大きさに左右される．すなわち，辺境に隔離された小個体群ほど突然変異遺伝子の集団内での定着は強く発揮される．これを小個体群のビン首効果(bottle-neck effect)とよんでいる．このようにして飛躍的な種分化を達成した種が分布域を広げて大個体群を形成した場合には，今度は保守的な特性が強くなり，長い進化的な停滞期に入る．これが化石記録の飛躍と停滞として現れるのである．

ここで形態進化についてもう少し考えてみよう．生物の形態進化とは，それまでのものと違った新しい形態の生物が登場してくることであり，その形態が定着しなければならない．その条件とはなんであろうか．まず第1に新しい生物は環境に対して適応していなくてはならない．第2に新しい生物個体は機能的な秩序を維持しなければならない．そして，第3に新しい生物は自発的で安定な形態形成ができなければならない．

13.2 生物の系統と分類

(1) 個体発生と系統発生

地球上のすべての生物が偶然に独立して出現したわけではなく，すべての生物は共通の祖先から分岐し，多様化してきた．これらの道筋と分岐年代を明らかにするのが生物系統学である．ドイツの生物学者ヘッケル(Haeckel, E.)は，1866年に「生物の個体発生は系統発生の短縮された速やかな反復である」という，いわゆる反復発生説を唱えた(図13-3)．この考えが正しければ，生物の個体発生を知ればその生物がたどってきた進化の過程がわかることになり，動物の系統を決める有力な方法となりうる．しかし，個体発生(ontogeny)と系統発生(phylogeny)との関係はそれほど単純なものではない．進化の過程において，生物個体の成長の「短縮」や発育の「遅滞」によって祖先の幼期の形態で成熟する幼形進化(paedomorphosis)や，成長の「延長」や発育の「促進」による付加的進化(peramorphosis)がしばしば知られているからである．たとえば，メキシコサンショウウオ(両生類)は鰓をもち，形態的には幼生のまま性的に成熟する．また，ヒトの大人の頭骨の形態がチンパンジー(類人猿)の幼児のそれとよく似ていることなどである．このように成熟しているのにまだ幼生時の形質を残しているような場合を「幼形成熟」あるいは幼児化(ネオテニー neoteny)とよんでいる．このような現象は，各器官の発生過程に時間的なずれが生じた結果であり，「異時性」(heterochrony)とよばれている．

ヘッケルはまた，「すべての生物が共通の祖先から分化してきた」という考えのもとに，生物界を三界(植物，動物，原生生物)に分けて，その進化系統をはじめて樹状図(系統樹)で表現した(図13-4)．現在では，生物は「系統的には1

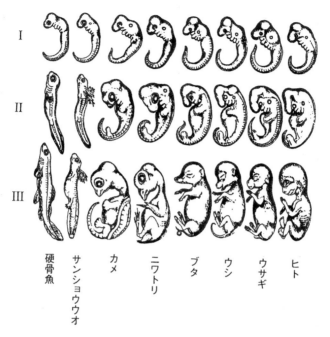

図13-3 脊椎動物の個体発生の比較．脊椎動物の受精卵はいずれも個体発生の過程で細胞胚・原腸胚を経て神経胚になる．その後の発生は種ごとに異なるが，初期の形態はよく似ている．ヒトの胎児にも鰓や尾に相当する形態が現れる時期がある．これは発生の過程で祖先が段階を追って再現され，新しく特殊な形質が発生の最後につけ加わり，個体発生のなかに系統発生が反復されている．Romanes(1896)より改変．

つのつながりであり，斉一性をもっている」という観点からアメリカの生物学者ホイッタカー(Whittaker, R. H.)が1969年に示した五界(モネラ，原生生物，植物，菌，動物)が，一般的に用いられている(図13-5)．また，アメリカ，イリノイ大学のウーズ(Woese, C. R.)は，1977年に遺伝子に基づいて生物を3つのドメイン(古細菌，真正細菌，真核生物)に分けることを提唱している．

(2) 系統分類

系統とは「進化の順序」を意味する．そして，分類は系統を正しく反映した系統分類でなくてはならない．このような考えに基づき，1950年にドイツの昆虫学者ヘニック(Hennig, W.)が提示した「分類は形態の違いの程度ではなく，派生形質の共有状態で示される分岐順序だけに基づくべきである」とする理論が

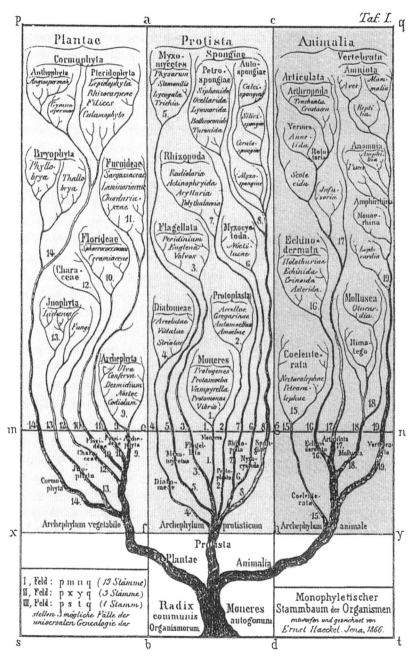

図13-4 ヘッケルの系統樹．生物は動物界，植物界，原生生物界の三界に分けられている．Haeckel (1866) より．

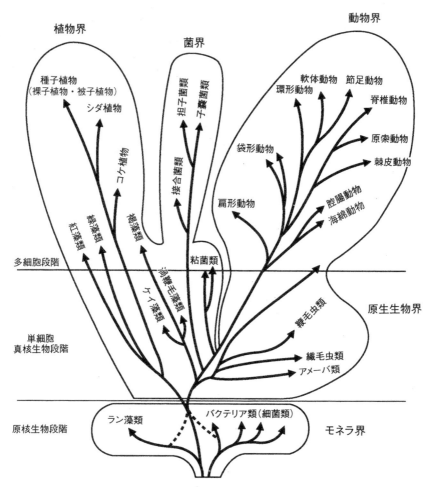

図13-5 ホイッタカーの五界説に基づく生物の系統．モネラ界：地球上に最初に出現した生物のグループで，原核生物のみからなり，細菌やラン藻類が含まれる（モネラはヘッケルが未発達の仮想動物の名として用いた語に由来する）．原生生物界：真核細胞をもった単細胞の微生物からなり，ラン藻を除くすべての藻類，原生動物を含む（ほとんどが水中生活をしている）．菌界：真菌類を中心とするカビとキノコの仲間および変形菌類や細胞性粘菌類を含む（生態系のなかで分解者の役割をしている）．植物界：光合成を行い，陸上生活に適したグループからなる．動物界：水陸に広く繁栄し，もっとも多様化している．すべての生物は細胞からできているが，ウイルスは細胞をもたずに生物の細胞のなかに入って子孫を残している．したがって，生物の基本単位が細胞であるとするなら，このウイルスは生物とはいえなくなる．一方，生命を遺伝情報と定義するなら，ウイルスも生命といえる．Margulis & Schwartz (1982) より改変．

発展して，分岐分類学が生まれた．

これまでの生物系統学は，化石記録と現生生物の形態をよりどころとしているために，化石に残らない生物についてははっきりしないところがあった．さらに，形態の類似または相違が必ずしも類縁関係を示さないこともあって，個々の生物種の系統関係には疑問の余地が多かった．これに対して，1960年代になって，「形態進化の速度は環境に強く支配されて大きく変化するが，アミノ酸の塩基配列の置換はほとんど環境の影響を受けず，確率論的に一定の速度で起こるのではないか」との考えのもとに分子系統学が生まれてきた．

「DNAの中立部位に起こる塩基置換の数が種の分岐からの経過時間に比例して増加している」として分子時計が，また形態の代わりにタンパク質や核酸の構造を比較して遺伝的距離を求めて系統を組み立てる分子系統樹が提唱された（図

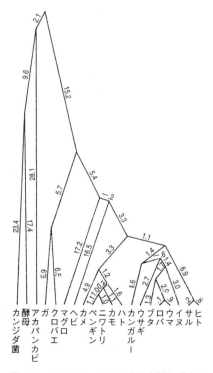

図13-6 チトクロム c による分子系統樹．数字はアミノ酸配列の変化の原因となったDNA塩基の最小置換数．Fitch & Margoliash(1967)より改変．

13-6).すなわち,分子系統樹は「現存する生物のすべての遺伝子はそれぞれの生物の祖先から受け継がれてきているので,ある種から分化した複数の種は,その後,それぞれ独立に変異を蓄積していく.したがって,最近に分岐した種間の遺伝子はたがいに相同性が高く,それよりも以前に分岐した種間の遺伝子はそれよりも相同性が低くなる」という遺伝子の相同性の差を利用して作成される.このようにして描かれた分子系統樹はあくまでも遺伝子の系統であって,それぞれの生物の分岐年代を決めることはできない.そのため,化石記録による年代の外挿が行われている.しかし,この方法はほかの系統解析ではできないような大分類群間の関係を論じたり,また個体群間の地理的変異などを解析するのには好都合である.現在では,タンパク質合成という生物にとってもっとも重要な機能を担い,すべての真核生物がもっているリボソーム RNA のなかの 18S rRNA 遺伝子の塩基配列がもっとも広く用いられている.

(3) 相同と相似

　脊椎動物の前肢の骨格を比較すると,基本的な配列が共通していることがよくわかる.この事実は,脊椎動物が水中生活から陸上生活に移行する過程で,魚類の胸鰭が前肢に変化したことを示している.陸上生活に移行した脊椎動物は,それぞれの環境に適応しながら,共通の祖先から受け継いだ胸鰭(前肢)を,ヒトは物を握る方向に,ウマは走る方向に,クジラは再び水中に戻って泳ぐ方向に,そしてコウモリは空中を滑空する方向にと進化してきた.鳥類の翼についてもこれと同じように考えることができる.このように,異なった生物の器官と器官との間に,形態や機能は異なっているが基本的な構造は同じで,それぞれ共通の祖先に由来する形質を共有していることを相同(homology)という.これらの形質は生物の系統を探る手がかりともなっている.一方,鳥類の翼と昆虫の翅とのように,系統上の起源は異なっているが,生活様式に適応して機能や形態が似てきたものを相似(analogy)といって区別している(図 13-7).相似のよい例として,系統的にはかなり離れているが,ともに水中生活に適応した中生代爬虫類のイクチオサウルス,魚類のサメ,哺乳類のイルカやクジラなどの体型の類似性があげられる.

　ここで,クジラの後肢やヒトの虫垂などは進化の過程でその機能を失い,退化してその痕跡だけが残されている.このような痕跡器官からも祖先の形態や

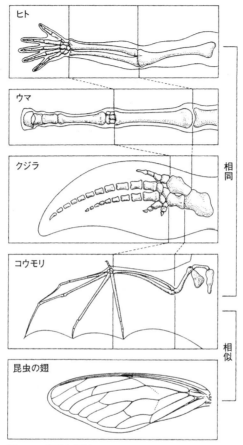

図13-7 相同と相似.

生態を類推することができる．さらに，ウマとほかの動物の肢を比較すると，ウマは指の数が減少する方向に進化してきたことを化石記録はよく示している（図13-8）．また，ウマの胚の発生過程でも指が3本ある時期があり，成長とともに1本になることが知られている．

　オーストラリア大陸には，カモノハシ（単孔類）やカンガルー（有袋類）などで代表される原始的な哺乳類が固有種として生息している．これらの動物は中生代白亜紀には世界各地に広く分布していた．しかし，新生代になって出現した有胎盤類の急速な繁栄によってしだいに衰退し，やがてほとんどが絶滅してしまった．ところが，オーストラリア大陸は中生代の末期にはすでにほかの大陸

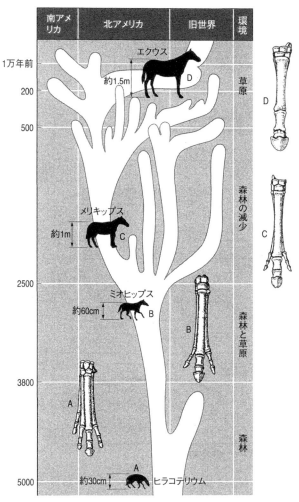

図13-8 ウマ類の進化過程．北アメリカ西部の始新世のヒラコテリウム (Hyracotherium, Eohippus) は葉食性で，森林にすみ，肩高約30 cm ほどの大きさで，前肢に4本，後肢に3本の指があった(A)．時間の経過とともに草食性となり，5000万年後には体サイズが4倍も大きくなって，中指だけが発達した蹄(D)に変わり，現在のウマ属エクウス(Equus)に進化した．Benton & Harper (1997) より改変．

と分離していたので，胎盤をもつ高等な哺乳類の侵入もなく，有袋類はそのまま現在まで繁栄を続けている．それぞれの種はさまざまな生態的地位を得て適応放散し，ほかの大陸の有胎盤哺乳類との間に著しい収斂（収束進化 convergence）がみられる．

(4) 種の概念

「種とはなにか」という命題は，分類学上の基本であるとともに，進化生物学のもっとも重要な課題である．そして，古くから論じられ，いまだに議論の絶えない問題でもある．現在，地球上には約150万種の動物と約30万種の植物が知られているが，これらは全生物種のほんの一部にすぎないといわれている．

ダーウィンの進化論以前の種に対する考えは，長い間，「神の創造物で，不変なもの」として扱われてきた．現在でも，もっとも適切な種の定義というものはないが，一般的によく使われる定義は，1942年のマイヤーによる生物学的種概念である．それを一言でいうとすれば，「種はたがいに交配することができ，子孫を残すことができる自然集団の集まり」ということになる．この定義にしたがえば，自然界で相互に交配が行われていない2つの繁殖集団は，それぞれ別の種とみなされ，またこの定義では，無性生殖する生物にはあてはめられないことになる．そこで，生物の種は「遺伝的に連続した集団」としてとらえることもできる．

多くの分類学者は，種を形態の類似性によって区別することが多いが，同種か別種かの判断基準は形態や行動，生態，生理などでは決められない．自然界には，形態的にほとんど区別できないが，生殖的に隔離されている集団が存在し，このような種を同胞種（sibling species）とよんでいる．しかし，実際に多くの種は，それぞれに形態学的，行動学的，生態学的，あるいは生理学的に共通の性質をもつことが多い．したがって，これらの要素を用いて，便宜的に種を区別することはあるが，繁殖が可能であるか，あるいは集団のなかで遺伝子の交流が生じているかを調べないかぎり，確実に種を区別することはできない．

種を生物学的に定義すると，古生物学で扱う種は，当然のことながら確実な種として認定できるものは皆無となってしまう．このように，生物の形態の相違に基づいて区別された種を形態種とよんでいる．極端な言い方をすれば，形態のみに基づく種分類はもともと理論的な基盤をもたないので，これを推し進

めていくと，形態がまったく同じ個体は存在しないから，最終的には個体ごとに種を識別するという矛盾をきたすことになる．しかしながら，形態で分類した生物集団は，その形態がどのような意味をもち，また，なぜ進化してきたかを探る材料を提供している点で重要である．

生物を分類するとき，生物の特徴や性質に基づいて分類する方法を自然分類といい，生物の進化や系統を反映させてまとめる分類を系統分類という．分類の基本単位は種(species)におかれ，近縁な種をまとめて属(genus)とし，さらに共通の特徴をもつ属をまとめて科(family)とする．同様に順次，高次の分類階級である目(order)，綱(class)，門(phylum)，界(kingdom)にまとめていく．こうしてまとめられた大小の単位を分類群とよんでいる．この分類階級制の基礎となる方式を最初に採用したのがスウェーデンの植物学者リンネ(Carl von Linné, ラテン名 Linnaeus)であった．さらに，私たちヒトの学名を *Homo sapiens* Linnaeus, 1758 と表記する方式，すなわち属名と種小名の 2 語の組み合わせによる命名法(二名法)を確立したのもリンネであった．

ある生物について，その生物がすでに知られている種のどれと一致するかを判定することを「同定する」という．同定の結果，その生物が既知種のどれとも合致しなければ，新種として「命名」する．同一種が地域ごとに異なる地方名でよばれるのは不便なので，世界共通の名，「学名」が必要となる．学名には命名者と命名した年号が明記され，混乱を避けるために種々の約束事が国際命名規約によって定められている．

13.3 種分化と種形成

(1) 生殖的隔離

生物の個体どうしが交配しなくなるか，たとえ交配しても子どもが生まれないか，あるいは生まれたとしても，その子どもに繁殖能力がないという現象に対して，「個体どうしは生殖的に隔離されている」という．そして，それまで自由に交配していた個体の集団から，生殖的に隔離された集団が生じることを「種分化」あるいは「種形成」とよんでいる．

この生殖的な隔離はさまざまなレベルで起こっている現象である．これらの

現象を個体が交配する(配偶子が接合する)前と交配した(配偶子が接合した)後の現象とに分けて整理するとつぎのようになる．まず，個体どうしが交配する以前に隔離されている現象としては，①個体の集団がすでに地理的に隔離されていて個体間の交流が物理的にできない状態(地理的隔離)，②地理的な同一地域に生息している個体どうしが成熟期(生殖時期)の相異によって交配できない場合(時差的隔離)，③視・聴・臭・触覚などを含む習性の違いによって雌雄が交配を避けるような場合(行動的隔離)，④雌雄の交尾器が形態的に合わないために交尾が成立しない状態(機械的隔離)，⑤精子あるいは花粉が卵や胚に到達する間に死滅してしまう場合(配偶子の不和合による隔離)がある．つぎに，個体どうしの交配が成立した後に起こる現象としては，⑥受精するが発生の過程で接合体が形成されない場合(発生的不稔)，⑦生まれた子ども(F_1)に生殖能力がない場合(F_1不稔)，⑧生まれた子ども(F_1)のどちらか一方の性に生殖能力がない場合(F_1分離不稔)，⑨生まれた子ども(F_1)の子ども(F_2)に生殖能力がない場合(F_2不稔)などである．

このように，生物集団がたがいにどの段階の生殖的隔離を引き起こしているかによって，集団が隔離されてからの経過時間や種の分化の程度を類推することができる．すなわち，もとは同じ集団から分かれたであろう，いくつかの分離集団(種)が再び地理的に同一の地域に生息するようになったとき，それぞれの集団の個体どうしはもはやまったく交配することなく，それぞれの集団(種)を独立に維持しているなら，種の分化はほぼ完了したとみなされる．また，上記と同じような条件におかれた分離集団の個体どうしがもとの状態に戻ってしまえば，種はまだ分化していないことになる．この分化の程度には前記の①から⑨のように，さまざまな段階がある．

(2) 種分化の機構

生物個体間にはさまざまな変異が存在するので，そのなかで少しでも環境に適応した個体のほうが生き残りやすい．すなわち，「適者生存」あるいは「自然淘汰」を自然が行っているとして，「自然選択説」を理解している人が多いかもしれない．それでは，「環境に適応した，あるいは適応しない」ということを，どのように判断するのであろうか．一言でいえば，「ある自然のなかで，生物個体が一生涯に残すことのできる次世代の個体数の期待値が，多ければ適応して

いるし,少なければ適応していない」ということになる.このとき,個体がもっている性質がどのようなものであるかによって,その性質(遺伝子)が適応しているか,していないかということである.また,性質は機能をともない,その機能が個体間で異なり,それが個体の生存や繁殖に影響している.このように,自然選択によって,個体の生存と繁殖に有利な性質が子孫に受け継がれ,その結果として,その個体が属する集団,すなわち種が存続することになる.たとえ個体に新しい性質が生じたとしても,その性質が集団のなかに広まり,維持されなければ子孫には伝わらない.

種が分化するためには,まず,もとの種の集団中に生殖的な隔離機構が働き,生殖的に隔離されたいくつかの集団が生まれることが必要である.この生殖的隔離が生じるためには,まずはじめに遺伝子の流動を制限するなんらかの機構が必要となる.もっとも普通に考えられる機構は,集団が物理的に分断され,それまでの個体の自由な移動が制限される場合である.たとえば,ベーリング海峡やパナマ地峡のように,海水準の変動によって,陸がつながれば海は分離し,逆に海がつながれば陸は分離する状況を想定すればよい.このとき陸と海の生物集団は,融合と分離を同時に繰り返し起こすことになる.また,集団内の個体の交流が物理的に絶たれなくても,集団の地理的分布範囲が広がると,分布域縁辺部の両端に生息する個体間の交流が疎遠となり,両端の個体間で遺伝子の構成に差が生じてくる.たとえば,南北に伸びた日本列島の北海道と九州地方では,それぞれの個体集団はそれぞれの地域でたがいに密接な交流をしていても,両地方の個体の間の交流は少ない.

生殖的に隔離された集団(遺伝的差異をもった集団)は,1つの生物集団から,どのようなところでどのようにして生じるのか.この種分化の機構は集団遺伝学的に2つのモデルが考えられている.その1つは飛び越え(transilience)モデルといい,急激な遺伝的変異(突然変異)が起こって,それが新しい生殖隔離集団になるというものである.もう1つは分岐(divergence)モデルとよばれ,集団のなかで遺伝的に異なった集団が徐々に形成されていくとするものである.前者の例は大陸縁辺部の島にすむ陸上生物を想定すると考えやすい.すなわち,島の小集団は大陸の大集団とたまに交流する程度の関係であれば,小集団は遺伝的浮動などによって,容易に大集団とは違った遺伝的組成をもつようになる.また,後者の例は海や川,陸や山脈などが形成されることによって集団が物理

的に分断されたり，あるいは火山島や湖などが出現して，その新しい環境に移住した集団にあてはめられる．すでに地理的に隔離されたそれぞれの集団に自然選択が働いて，時間とともにもとの集団とは違った独自の遺伝的組成を徐々にもつようになる．後者のようなモデルを適応的種分化あるいは異所的種分化とよび，多くの生物の種分化論として適用されている．

　生殖的隔離は生物の多様性をつくり出すことに貢献し，生物の多様な進化を可能にしている．この生殖的隔離によって種が分化するのにどれくらいの時間を必要とするのであろうか．それは生物によって，また，その生物集団を取り巻く外的・内的条件によってそれぞれ大きく異なっている．

　ガラパゴス諸島におけるダーウィンフィンチとよばれる鳥の嘴の形態と食性との違いは，種分化の例としてよくあげられる．このフィンチは13種に分類され，そのうち6種が地上で，また7種が樹上で生活している．これらのフィンチの祖先は南アメリカ大陸から移住し，環境の異なった島にすみついて，それぞれ地理的に隔離された状態で繁殖していった．その結果，それぞれのおかれた生息場所に応じた食性に分かれ，それに適応した嘴の形態をもったフィンチに分化したと考えられている．

　種分化のもう1つの機構として，倍数体の形成があげられる．一般に，異種間の交雑は起きないが，かりに交雑が起こってもその子どもには生殖能力がない．それは，減数分裂によって生殖細胞ができるときに染色体の対合や分離が正常に起きないためである．しかし，なんらかの原因で雑種の染色体に倍数化が起こると生殖可能となることがある．たとえば，フツウコムギ(パンコムギ)は2回の雑種形成と染色体の倍数化によって野生種から生じたとされるように，植物ではこのようにして生じた倍数体から新しい種が形成された例が多く報告されている．

(3) 性の起源と進化

　自分と同じコピーを生み出す無性生殖から，たがいの遺伝子を混ぜ合わせる性のシステムが生まれた．これを有性生殖といい，生まれた子どもは両親のどちらとも異なり，この世に唯一無二の新しい個体となる．この性のシステムこそが，生物が多様化する根元となっているのであるが，それではこのようなシステムがいつどのように生まれてきたのであろうか．

有性生殖では，親は減数分裂によって自分の遺伝子セットを半分だけもつ配偶子（卵子と精子）をつくり，この配偶子を異個体間で融合することによって子どもをつくる．ゾウリムシなどの原生生物やキノコなどの菌類では，配偶子の大きさやかたちに区別がない（同型配偶子）が，有性生殖が可能な相手と不可能な相手があり，性分化が起こっている．このような例は生物界では少数派で，大部分の生物は大きな卵子と小さな精子（異型配偶子）をもつ．このような配偶子の分化はつぎのような過程で生まれたと考えられている．すなわち，最初は同型配偶子であったが，このなかから何度も減数分裂して配偶子の数を増やすものが現れた．この配偶子からできた子ども（接合子）は，栄養のもち寄りが小さくなるので生存率が下がる．しかし，数が多いので，結果的には小さな配偶子を多くつくる系統が増加することになる．ここで，子どもが必要とする栄養を相手に頼らない大きな配偶子が進化してきた．このようにして，両極端の大きさの2種類の配偶子，卵子と精子が生まれた．卵子と精子の2型ができると，その後は雌雄の機能が区分された．1つの個体が雌雄を兼業するのか，それともそれぞれ専業とするのか，多細胞生物の多様な性の表現は，それぞれの生物の生活様式のなかで繁殖成功率（次世代へ遺伝子を残す確率）を高める戦略で決められている．

雌雄は生産する配偶子が卵子か精子かで定義されるが，性の違いは個体の形態や行動にも現れる．この違いはどのようにして進化してきたのであろうか．昆虫を例にとると，精子をつくるのに比べて，卵をつくるほうがずっと大きな投資を必要とする．そのために，雌は子どもの数を増やそうとするなら，できるだけ多くの卵を生産する必要がある．これに対して，雄は精子の生産量よりも交尾の成功率を高めたほうが効率がよい．その結果，雌は交尾相手には不足せず，相手を選ぶことになり，雄は限られた交尾のチャンスをめぐってたがいに争うことになる．雄は求愛行動や交尾に積極的で雌は一見消極的である．この違いはけっきょくのところ，卵をつくり子を世話するためのコストが雌雄で大きく違っていることから起きている．これらの対応関係がときに雌雄で逆転することがある．

このように，交尾成功率の違いを通して生物の性質が選ばれ，進化することを性選択（性淘汰）として最初に指摘したのはダーウィンであった．性選択が働くと，実用上役立つとは思えないような装飾的な形態や行動が発達することが

ある.たとえば,シカの雄の大きく立派な角やクジャクの雄にみられる美しい尾羽などである.

(4) 生物進化というゲーム

アメリカの進化学者ファン・ファーレン(Van Valen, L.)は,1973年に「進化とは,いったんはじまると,止まることのできないゲームである」と述べた.これは,ある環境にいったん適応した生物がいたとしても,その環境は別の生物によってつねに変化するので,それに合わせて適応しなければならなくなるからである.すなわち,ある生物を餌にしている捕食者が,その餌を捕え,食すための完璧な機能をもったとしても,つぎに被食者側がそれに対抗する防御機能を備えてくるので,この攻撃する側と防御する側の進化における競争は,永久に終焉することがない.したがって,生物はこのような生物的環境が変動し続けるかぎり,自らの適応状態に安住することはできない.このように,カンブリア紀になって捕食者が出現してきたことによって,食う者と食われる者との間に繰り広げられた競争は,その後の生物進化の速度をよりいっそう加速したと考えられている.

減数分裂による配偶子と推定される化石記録から,性のシステムは約10億年前ごろにはじまったのではないかと考えられている.この両性の卵子と精子の起源を考えるとき,あるいは性選択によって動物の雄が雌よりも派手な装飾を発達させるメカニズムなどを考えると,これらもまた,まさに進化のゲームそのものである.配偶者選択は「いったん流行しはじめるとなかなか止まらず,ますますエスカレートして極端なまでに進行する」という性質がある.これをフィッシャー(Fisher, R. A.)はランナウェイ性選択とよんでいる.たとえば,ある生物集団の雌に,どちらかといえば長い尾をもつ雄を交尾相手に選ぶ傾向があるとし,その長い尾は遺伝的に受け継がれる性質であるとすると,尾の長い雄と交尾した雌は平均的に尾の長い雄の子を産み,その子はまた,より多くの雌に受け入れられ,結果として,尾の長い雄が集団中に増加することになる.そして,尾の長い雄に対する雌の好みはますます強くなり,雄はますます長い尾をもつようになるというわけである.この現象は尾の長さにかぎらず,体色や飾り,鳴き声やしぐさなどさまざまな形質に対しても生じる事柄である.カンブリア紀以降現在まで,約5億4000万年間の生物進化における形態変化の速

度は，それ以前の約 30 億年間に比べると飛躍的に高くなっている．カンブリア紀以降の生物進化が生物環境に支配されているとするなら，カンブリア紀以前の生物進化は物理的な環境に対する生物の適応であったともいえる．

ダーウィンに強い影響を受けた進化論では，「強いものが勝つ」競争が強調されてきた．しかし，現実の生物社会では弱いものどうしが共同体をつくりながら生き残る場合もあり，そのようなシステムをもちえなかったものが絶滅するというケースも多く知られている．

おわりに

　本書を執筆するきっかけは，私たちが静岡大学に在職していたことにあったのかもしれない．私たちは出身は異なるものの，どちらも「古生物学およびその周辺科学を研究するためには，現生生物の研究が重要である」との考えから，それぞれが対象とする生物（おもに介形虫と有孔虫）を飼育したり，生物学となんら変わらない研究スタイルを古生物学に導入してきた．静岡大学には一時期，このような研究指向をもった考現古生物学者（actuopaleontologist）が数多く在籍しており，日常的に地球科学と生物学とを行き来しながら研究に励んでいた．このため，地球科学と生物学との境界について，とりわけ意識することはなかった．このような環境があったから，自然と「地球生物学」という本書の発想が生まれたのである．

　「地球生物学」の考えは，地球科学科と生物学科の研究領域が相互に重なる部分である環境をキーワードにして，地球と生物とが融合した分野を創成しようという気概をもって，1995年4月に改組された静岡大学理学部生物地球環境科学科の創立理念にもつながっている．本書で扱っている内容は，同学科における生物地球環境科学の概論や総論という入門的な授業科目と，私たちが行ってきたいくつかの専門科目の講義録を下敷きにしている．この学科は先駆的な学問分野を結集した組織として国内外の関連研究者間で注目を集め，研究と教育面の双方において大いに期待されてもいたのであるが，残念ながら2004年春の独立行政法人化とともに消滅して，もとの地球科学科と生物学科に分かれることになりそうである．このようなわけで，いまや生物地球環境科学科の理念は同学科で学んだ卒業生の「地球観」のなかに生きているだけとなってしまった．しかし，本書の内容は，学問領域の枠組みにはかかわりなく，現代人がもっていてほしい地球に対する視点と地球を理解するための基礎的な知識であることに変わりはない．執筆にあたっては，地層と海洋に関する部分を主として北里が，また生物と進化に関する部分を池谷が担当した．なお，本書のストーリー

の根幹となる「生物進化の理論」に関しては，構成上，最後の章に簡略化して解説せざるをえなかった．その内容は本来，1つの章のなかに収まるようなものではないので，稿を改めて解説することにする．

　本書を完成させるにあたり，以下の方々にたいへんお世話になった．米国在住の画家 Guy Billout 氏には「ジブラルタルの滝」の絵の転載許可をいただき，またスイス連邦工科大学の Judith A. McKenzie 教授には，この絵の出典や Messina 塩分危機についての最新の研究情報をお教えいただいた．JAMSTEC の深尾良夫博士には地震波トモグラフィーの最新画像を，平朝彦博士には付加帯形成の概念図を，富谷朗子博士にはシアノバクテリアの写真をそれぞれ提供していただいた．国立科学博物館の齋藤靖二博士には，地球科学的なものの見方について日ごろより議論していただいている．このときの議論が，地層に関する部分を執筆する際の基礎を形成した．さらに，静岡大学の和田秀樹，鈴木款，加藤憲二教授，塚越哲助教授，生形貴男助教授，成徳学園の矢島道子博士には，忙しいなか，原稿を読んでいただき，それぞれの専門的な立場からの重要なご指摘と貴重なご意見をいただいた．それらは本書の内容を推敲する際にきわめて有効であった．また，JAMSTEC の豊福高志博士，静岡大学の山田晋之介君には図版の作成を手伝っていただいた．さらに，金沢大学の田中源吾博士には，余白に挿入したイラストを描いていただいた．本書は，1995 年の静岡大学における新学科「生物地球環境科学科」の設立時に，その新しい学問内容を教科書にするべく企画されたものであるが，完成までにこのような長年月を費やしてしまったのは一重に著者らの怠慢によるものである．この間，東京大学出版会編集部の光明義文氏には，あきらめることなく著者らを叱咤激励し，寛容にも辛抱強く原稿の完成を待っていただいた．これらの方々に心から感謝申し上げる．

　科学の進歩は日進月歩であり，つぎつぎと新しい研究成果が生まれている．とくに，本書が扱った分野の進展はめざましい．著者らがこの学問分野に入門した当時の講義ノートをみると，45 年前と 35 年前との差はあるが，本書との内容の違いに驚かされる．それは，著者らがその当時学んだ事柄のほとんどが，現在ではまちがいであったこと，そして新しい解釈に変わっていることの多さである．このように，本書が扱っている学問分野は，日々新しい発見が相次ぎ，その内容は目まぐるしく更新されている．したがって，執筆の中断によって書き直さなければならない箇所が何度も生じてしまった．それでもなお取り入れ

られなかった最新の成果は多いことと思う．もちろん，これらのことを含めて本書の内容の是非は，最終的には著者らの責任であることに変わりない．

　2003 年 10 月 15 日

池谷仙之・北里洋

さらに学びたい人へ

Briggs, D. E. G. and Crowther, P. R.(eds.), 2001, Palaeontology II. Blackwell Science, Boston.
　古生物学の総括的な教科書．生命史の主要なイベントと古生物学の主要分野について，英国を中心とした第一線級の研究者が執筆している．しかし，著者が多細胞生物の専門家に偏っているため，微古生物については充分にカバーされていない．

Cowen, R., 1995, History of Life(2nd ed.). Blackwell Science, Boston.
　生命の起源から人類まで，生物の進化史を地球の歴史に沿って概説した教科書．著者の26年間にわたるカリフォルニア大学デービス校での新入生向けの講義内容をまとめたものである．イラストや写真も多く平易に解説されているので，入門書として最適である．

Erwin, D. W. and Wing, S. L., 2000, Deep Time: Paleobiology's Perspective. The Paleontological Society, Lawrence.
　米国古生物学会が刊行している専門誌 Paleobiology の25周年記念号．15件のトピックスについて，それぞれの専門家が現状をレビューしたうえで，21世紀の古生物学を展望している．古生物学の専門家を目指す人にとっては必読の書である．

Fortey, R. A., 1997, Life: An Unauthorized Biography. Harper Colins Publishers Ltd., London. ［渡辺政隆(訳), 2003, 生命40億年全史. 草思社, 東京.］
　大英自然史博物館の古生物学者が発掘調査のエピソードをまじえて解説する壮大な40億年の生命の歴史は，物語としてもおもしろく，楽しく学べる科学書である．

川上紳一,2000,生命と地球の共進化(NHKブックス).日本放送出版協会,東京.
　地球上に起こったいくつかの劇的な事件を取り上げ,最新の学説に基づいて生命と地球の共進化を解説している.

北里洋・大野照文・大路樹生(編),2000,生物の科学「遺伝」別冊12　地球の進化・生命の進化.裳華房,東京.
　地球科学と生物科学の専門家が地球史・生命史の先端的なトピックスを解説している.

熊澤峰夫・伊藤孝士・吉田茂生(編),2002,全地球史解読.東京大学出版会,東京.
　多分野の研究者が行った「全地球史解読計画」の成果と展望がまとめられている.随所におり込まれている研究の視点や方法論は大いに参考になる.

Levin, H. L., 1999, The Earth through Time (6th ed.) (Saunders Golden Sunburst Series). Saunders College Publication, Philadelphia.
　地球の歴史を地質学と古生物学を軸に組み立てたオーソドックスな地史学の教科書.カラフルな図表がふんだんに使われ,楽しく学べる豪華本である.

丸山茂徳・磯崎行雄,1998,生命と地球の歴史(岩波新書).岩波書店,東京.
　「全地球史解読計画」の推進者である著者らがまとめた地球史と生命史.生物は地球の付属物であるという立場と視点で7つの大事件を中心に書かれている.

西田治文,2001,植物のたどってきた道(NHKブックス).日本放送出版協会,東京.
　植物がどのような戦略を用いて今日の繁栄にいたったか.植物の多様性と進化を最近の研究資料に基づき,平易に解説している.

Seibold, E. and Berger, W. H., 1996, The Sea Floor: An Introduction to Marine Geology (3rd ed). Springer, Berlin.

海洋地質学の教科書．著者らは古海洋学の専門家であることもあり，後半は古海洋学と古気候学のトピックスが網羅的に紹介されている．初版に基づいた日本語訳があり，必読文献の1つである．

Turekian, K. K., 1996, Global Environmental Change : Past, Present and Future. Prentice Hall, New Jersey.

地球規模で広がってきている環境変動を自然および人為的な方向から解き明かそうとしている教科書．明解で読みやすい内容である．

原図表出典一覧

Bains, S., Corfield, R. M. and Norris, R. D., 1999, Mechanisms of climate warming at the end of the Paleocene. Science, 285, 724-727.

Benton, M. and Harper, D., 1997, Basic Palaeontology. Longman, Hong Kong.

Blatt, H., Middleton, G. and Murray, R., 1972, Origin of Sedimentary Rocks. Prentice-Hall, New Jersey.

Bölsche, W., 1932, Das Leben der Urwelt. Berlegt bei Geolg Dollbeimer, Leipzig.

Burne, R. V., 1992, Stromatolites of Hamelin Pool. Landscope, 7(2), 34-40.

Chinzei, K., 1991, Late Cenozoic zoogeography of the Sea of Japan area. Episodes, 14(3), 231-235.

Conway Morris, S., 1977, A new metazoan from the Cambrian Burgess Shale of British Columbia. Palaeontology, 20(3), 623-640.

COSOD II, 1987, Report of the second conference on scientific ocean drilling (COSOD II). Joint Oceanographic Institutions for Deep Earth Sampling (JOIDES), Washington, D. C.

Crowell, J. C., 1978, Gondwana glaciation, cyclothems, continental positioning, and climate changes. American Journal of Science, 278, 1345-1372.

Dawkins, R., 1996, Climbing Mount Improbable. Penguin Books, Harmondworth.

Ehlers, E. and Krafft, T. (eds.), 1998, German Global Change Research 1998. National Committee on Global Change Research, Bonn.

Fitch, W. M. and Margoliash, E., 1967, The usefulness of amino acid and nucleotide sequences in evolutionary studies. Evolutionary Biology, 4, 67-109.

Fox, S. W.・原田馨, 1972, 細胞の起源. 蛋白質核酸酵素, 別冊(200号), 共立出版, 東京, 116-124.

Gall, J. C., 1983, Ancient Sedimentary Environments and the Habitates of Living Organisms. Springer-Verlag, Berlin.

Gould, S. J., 1989, Wonderful Life : The Burgess Shale and the Nature of History. W. W. Norton & Company, New York. [渡辺正隆(訳)(1993)ワンダフルライフ——バージェス頁岩と生物進化の物語. 早川書房, 東京.]

Gradstein, F. M. and Ogg, J. G., 2004, Geologic time scale 2004 : why, how, and where next! Lethaia, 37, 175-181.

Haeckel, E., 1866, Generelle Morphologie der Organismen. Georg Reimer, Berlin.

Hays, J. D., Imbrie, J. and Shackleton, N. J., 1976, Variations in the Earth's Orbit : Pacemaker of the Ice Ages. Science, 194, 1121-1132.

Hou, X. G. and Bergström, J., 1995, Cambrian lobopodians : ancestors of extant onychophorans ? In Walker, M. H. and Norman, D. B. (eds.), Onychophora : Past and Present. Zoological Journal of the Linnean Society, 114, 3-19.

Hsü, K. J., 1983, The Mediterranean was a Dessert : A Voyage of the Glomar Challenger. Princeton University Press, New Jersey. ［岡田博有(訳)(2003)地中海は沙漠だった――グローマー・チャレンジャー号の航海. 古今書院, 東京.］

Hsü, K. J., 1992, Challenger at Sea : A Ship that Revolutionized Earth Science. Princeton University Press, New Jersey. ［高柳洋吉(訳)(1999)地球科学に革命を起こした船――グローマー・チャレンジャー号. 東海大学出版会, 東京.］

池谷仙之・和田秀樹・大森真秀, 1987, 浜名湖のボーリング柱状試料について. 静岡大学地球科学研究報告, 13, 67-111.

石川統, 1997, 分子からみた生物学. 裳華房, 東京.

Jarvik, E., 1980, Basic Structure and Evolution of Vertebrates. Academic Press, London.

兼岡一郎, 1998, 年代測定概論. 東京大学出版会, 東京.

Kennett, J., 1982, Marine Geology. Prentice-Hall, New Jersey.

Kennett, P. and Ross, C. A., 1984, Aspects of Geology. Oliver & Boyd, Edinburgh.

北里洋, 1983, 底生有孔虫化石群集からみた中期中新世初頭の東北日本弧の海底地形. 鉱山地質特別号, 11, 263-270.

Kitazato, H., 1997, Paleogeographic changes in central Honshu, Japan, during the late Cenozoic in relation to the collision of the Izu-Ogasawara Arc with the Honshu Arc. The Island Arc, 6, 144-157.

Köppen, W. and Wegener, A., 1924, Die Klimate der geologischen. Vorzeit, Berlin.

Margulis, L. and Schwartz, K. V., 1982, Five Kingdoms : An Illustrated Guide to the Phyta of Life on Earth. W. H. Freeman, San Francisco. ［川島誠一郎・根平邦人(訳)(1987) 図説・生物界ガイド 五つの王国. 日経サイエンス社, 東京.］

丸山茂徳, 2000, 地球の成り立ちと生命の進化. 生物の科学「遺伝」別冊12, 28-41.

増田富士雄, 1994, リズミカルな地球の変動. 岩波書店, 東京.

松井孝典, 2000, 地球はいかにして誕生したか. 生物の科学「遺伝」別冊12, 18-27.

松川正樹, 2001, 恐竜の行動様式. In 池谷仙之・棚部一成(編), 古生物の科学3. 朝倉書店, 東京, 188-207.

松尾禎士, 1980, 原始地球の生成(I)――地球大気の生成と進化. In 日本化学会(編), 化学総説 30, 83-94.

松島義章・前田保夫, 1985, 先史時代の自然環境――縄文時代の自然史. 東京美術, 東京.

McKenzie, J. A., 1999, From desert to deluge in the Mediterranean. Nature, 400, 613-614.

McNamara, K., 1992, Stromatolites. The Western Australian Museum, Perth.

Miller, S., 1953, A production of amino acids under possible primitive earth conditions. Science, 117, 528-529.

森啓, 1993, 生物進化の試行錯誤――カンブリア紀における生物の大爆発. 科学, 63(4),

14-221.

森田利仁, 1996, 多細胞動物の出現以前. In 恐竜の足跡と謎の先カンブリア生物（千葉中央博物館 1996 年度特別展出版物), 6-16.

Mörner, N. A., 1971, Eustatic changes during the last 20,000 years and a method of separating the isostatic and eustatic factors in an uplifted area. Paleogeography Paleoclimatology Paleoecology, 9, 153-181.

中橋孝博, 1997, 世界へ広がる現生人類. In 馬場悠男（監修), 人類の起源（イミダス特別編集). 集英社, 東京, 57-67.

名取真人, 1997, サルからヒトへ. In 馬場悠男（監修), 人類の起源（イミダス特別編集). 集英社, 東京, 11-22.

Oba, T., Kato, M., Kitazato, H., Koizumi, I., Omura, A., Sakai, T. and Tanimura, T., 1991, Paleoenvironmental changes in the Japan Sea during the Last 85,000 years. Paleoceanography, 6, 499-518.

Open University, Oceanography Cource Team, 1989, The Ocean Basins : Their Structure and Evolution. Pergamon Press, Oxford.

小嶋稔・齋藤常正（編), 1978, 岩波講座地球科学 6. 岩波書店, 東京.

Patterson, C., 1999, Evolution(2nd ed.). Natural History Museum, London. [馬渡峻輔・上原真澄・磯野直秀（訳）(2001)現代進化学入門. 岩波書店, 東京.]

Ramsköld, L., 1992, The Second leg row of *Hallucigenia* discovered. Lethia, 25, 221-224.

Romanes, G. J., 1896, The Life and Letters of George John Romanes. Longmans Green, London.

Romer, A. S., 1959, The Vertebrate Story. The University of Chicago Press, Chicago.

Runcorn, S. K., 1966, Corals as paleontological clocks. In Scientific American : Evolution and the Fossil Record. W. H. Freeman, San Francisco, 70-77.

Salvador, A.(ed.), 1994, International Stratigraphic Guide (2nd ed.) : A Guide to Stratigraphic Classification, Terminology and Procedure. Geological Society of America, Colorado.

Seibold, E. and Berger, W. H., 1996, The Sea Floor : An Introduction to Marine Geology (3rd ed.). Springer, Berlin.

Shackleton, N. J. and Opdyke, N. D., 1973, Oxygen isotope and paleomagnetic stratigraphy of equatorial Pacific core V 28-238 : Oxygen isotope temperatures and ice volumes on a 10^5 year and 10^6 year scale. Quaternary Research, 3, 39-55.

鹿園直建, 1992, 地球システム科学入門. 東京大学出版会, 東京.

Stetter, K. O., 1994, The lesson of Archaebacteria. In Bengtson, S.(ed.), Early Life on Earth. Nobel Symposium No. 84, Columbia University Press, New York, 143-151.

杉村新, 1977, 氷と陸と海. 科学, 47(12), 749-755.

杉村新, 1987, グローバルテクトニクス——地球変動学. 東京大学出版会, 東京.

杉村新・中村保夫・井田喜明（編), 1988, 図説地球科学. 岩波書店, 東京.

Sundborg, Ä., 1956, The River Klarälven a study of fluvial processes. Geografiska Annaler,

38, 127-316.

諏訪元, 1995, 猿人から原人へ. In NHK(編), 生命40億年はるかな旅5. 小学館, 東京. 51.

Tada, R., 1994, Palaeoceanographic evolution of the Japan Sea. Palaeogeography, Palaeoclimatology, Palaeoecology, 108, 487-508.

東木龍七, 1926, 貝塚分布の地形学的考察. 人類学雑誌, 41, 524-552.

Turekian, K. K., 1996, Global Environmental Change : Past, Present and Future. Prentice-Hall, New Jersey.

上田誠也, 1989, プレート・テクトニクス. 岩波書店, 東京.

Walcott, C. D., 1916, Evidences of Primitive Life. The Smithsonian Report for 1915, 235-255.

Whitmore, T. C.(ed.), 1981, Wallace's Line and Plate Tectonics. Clarendon Press, Oxford.

事項索引

ア行

アイソスタシー 167
アウトウォッシュ・プレーン 160
アース・デー 20
アセノスフェア 11
アフリカ単一起源説 182
RNA 76, 79
生きた化石 50, 51, 106
異型配偶子 210
異時性 197
異所的種分化 195, 209
胃石 50, 126
遺存種 51, 122
異地性 56, 57
遺伝子型 190, 192
遺伝子突然変異 196
遺伝的浮動 195, 208
イベント堆積物 54
印象化石 50, 91, 94
陰生代 82, 97
隕石 32, 33
隕石衝突説 138
ウェゲナー 9
ウェルズ 5
ヴェンド紀 94, 95
ヴェンド生物(界) 94
ウォーレス 191
ウォーレス線 145
ウーズ 198
宇宙生物学 81
エイコンドライト 33
エディアカラ生物群 52, 91, 93, 94
F_1 不稔 207
F_2 不稔 207
F_1 分離不稔 207
エルドリッジ 195
縁海 145
オイラーの法則 11
黄金の楔 66
オゾン・ホール 19
オッペル 123
オパーリン 74
オルドビス紀(系) 106
温室効果 18, 24

カ行

科 140, 206
界 65, 206
階 65, 123
外縁堆積原 160
海溝 11, 145
海成層 44
海底熱水噴出孔 28
海洋縞粘土 61
海洋地殻 10, 137
海洋底拡大説 10
海洋プレート 10, 13, 14, 135, 145
海洋掘削計画 158
海洋無酸素事件 134
海嶺 10, 11
外惑星 24
化学化石 50
化学岩 44
化学合成細菌 28, 79, 82, 83
化学合成生物群集 28
化学進化 73, 74
化学的破壊 52
化学的風化 40, 41
鍵層 69
拡大境界 11
獲得形質の遺伝説 189
隔離機構 208
火山砕屑岩 44
ガスハイドレート 153
化石 45, 48, 49
化石化 52, 56, 105
化石化作用 51
化石種 51, 97
化石相 71
化石層序学 68
化石帯 68, 98, 123
化石燃料 19, 50

カール 160
環境指標 48
環境ホルモン(物質) 21, 186
完新世 159, 169
岩相層序 71
カンブリア紀(系) 97, 98
カンブリア紀の生命大爆発 96, 97
期 66
紀 66
疑似化石 93
木村資生 195
キュヴィエ 57, 59
級化層理 45
旧赤色砂岩 110, 111
ギヨー 15
共進化 129
暁新世 140
共生 5, 87, 89, 90, 137
グアノ 50
クライマップ計画 163
クラトン 31
グールド 195
グローマー・チャレンジャー号 154
系 65
ケイ酸塩補償深度 53
形態種 205
系統樹 197
系統発生 197
系統分類 198, 206
ゲートウェイ 141
原核細胞 83, 88
嫌気性生物(細菌) 84, 90
原子時 5
顕生代 82, 97
原生代 82
現地性 56
コアセルベート 74, 77
綱 206
好気性生物(細菌) 79, 84, 90
工業暗化 194
光合成細菌 82, 83, 84, 86

224　事項索引

交差切りの法則　63
更新世　147, 159, 160
好熱細菌　28
後氷期　169, 174
五界(説)　198, 200
古環境解析　48
国際命名規約　206
古生代　65, 97
古生態学　58
古第三紀(系)　140, 143
個体発生　187, 197
古地磁気(学)　10, 14, 145
固有種　203
コールドプルーム　16
混濁流(堆積物)　47, 48
コンドライト　33
コンドリュール　33
ゴンドワナ植物群　117
ゴンドワナ大陸　116, 120, 123

サ行

サイクロセム　114
最終氷期　169
砕屑岩　43
細胞内共生(説)　87, 89, 91
擦痕　160
三畳紀(系)　120
酸素同位体(比)　152, 160, 161, 162
ジオイド　25
磁気異常　13
シーケンス層序学　72
示準化石　56, 68
始新世　140
自生　56
始生代　82
自然選択(説)　189, 191, 195, 207
自然淘汰(説)　194, 196, 207
自然分類　206
示相化石　56
縞状鉄鉱層　35, 86, 87
斜交層理　47
種(の概念)　1, 187, 193, 205, 206, 207
従属栄養生物　82
収束境界　11, 12, 15, 143
収斂　205
種形成　206

樹状図　197
種小名　206
種選択　196
種の起源　189, 191
種分化(論)　195, 196, 206, 209
ジュラ紀(系)　123
ジョイデス・レゾリューション号　158
蒸発岩　44, 154
縄文海進(期)　169, 170, 172
小有殻化石群　98
初源堆積水平の法則　63
シルル紀(系)　108
深海掘削計画　132, 153
進化学(説)　189, 190, 191, 193
真核細胞　87, 200
進化総合説　193
進化速度　56, 68, 91, 106
新生代　65
新赤色砂岩　121, 123
新第三紀(系)　140, 149
新ダーウィニズム　190
シンプソン　193
人類紀　159
スタンレー　196
ステノ　63
ストロマトライト　6, 84, 86, 184
すれ違い境界　5, 11, 12
世　66
斉一説　3, 56
生痕化石　50, 57, 95, 102, 103, 105, 121
生殖的隔離　206, 207
性選択　210
生層序(区分)　68, 72
生態的地位　103, 128, 138, 139, 205
成長線　6, 54
性淘汰　210
生物岩　43
生物群集帯　72
生物系統学　197, 201
生物指標化合物　48
生物帯　72
生物多様性条約　21
生命の起源　73
石質隕石　33
石炭紀(系)　65, 114
石鉄隕石　33

石灰質軟泥　131
絶対年代　32, 66
絶滅種　187
先カンブリア時代　82, 95
漸新進化　196
鮮新世　140
漸新世　140
層位学　64, 123
層群　71
造山帯　15
相似　202
層序学　64
層相　71
相対年代　32, 34, 60, 66, 68
相同　202
層理(面)　40, 45, 63, 126
属　206
続成作用　43
ゾルンホーヘン　126

タ行

代　66
体化石　50, 52, 57
第三紀(系)　65, 140, 160
堆石　160
堆積環境　44, 45, 48, 56
堆積相　45, 69, 71, 109, 167
大地溝帯　179
太平洋プレート　10, 15, 150
第四紀(系)　140, 159, 162, 163
大陸移動説　9
大陸プレート　10
大量絶滅(事件)　20, 118, 138
ダーウィニズム　190
ダーウィン　189, 191, 210
多型　194
他生　57
多地域連続進化説　182
脱ガス現象　24
楯状地　30, 31
タービダイト　48
タフォノミー　53
単系統　122
炭酸カルシウム補償深度　53
ダンスガード・オシュガーサイクル　163
単層　69
断続進化説　195
断続平衡説　195

炭素質コンドライト　23, 33, 81
炭素14法　38
断裂帯　11
ちきゅう　158
地球外生命　80
地球型惑星　23
地球楕円体　25
地球の温暖化　17, 153
地球の層構造　25
地球の年齢　33
地球の平均密度　25
地溝帯　11
地磁気層序　72
地質系統　65
地質図　64
地質断面図　64
地質柱状図　64
地質調査　64
地質年代区分(単位)　65, 66, 68
地層　40, 44
地層同定の法則　68
地層の対比　56, 68
地層累重の法則　63, 123
チムニー　28
チャート(層)　35, 44, 50, 83, 88, 106
中央海嶺　10, 135
中新世　140
中生代　65
チューブ・ワーム　28
澄江生物群(化石群)　59, 97, 105
超好熱細菌　79
超新星爆発　22, 80
超大陸　9, 91, 116, 120
チョーク(層)　129, 131
地理的隔離　207
DNA　73, 76
適応的種分化　209
適応放散　98, 103, 122, 137, 205
適者生存　207
テクタイト　69, 138
テチス海　116, 120, 134, 141
鉄隕石　33
デボン紀(系)　110
テラフォーミング計画　185
テンペスタイト　54
天変地異説　3, 59

天文時　5
統　65
同位体層序　72
同型配偶子　210
島弧　145, 150
統合海洋掘削計画　158
統合国際深海掘削計画　158
同胞種　205
独立栄養生物　83
突然変異遺伝子　192, 196
突然変異説　190
突然変異率　196
飛び越えモデル　208
ドービニー　123
ドブジャンスキー　193
ド・フリース　190
トモティアン動物群　98
トランスフォーム断層　5, 11

ナ行

内生型底生動物　103
内分泌攪乱物質　21
内惑星　23
二次化石　57
二名法　206
ネオテニー　197
年代層序区分単位　65

ハ行

バイオスフェア　185
バイオマーカー　48
ハインリッヒ・イベント　166
バウマ・シーケンス　48
白亜紀(系)　129
バージェス(頁岩)動物群　52, 59, 97, 102
パスツール　73
ハックスリー　193
発生の不稔　207
ハットン　4
ハーディー・ワインベルクの法則　190, 192
バリンジャー隕石孔　33
パンゲア(大陸)　9, 115, 116, 120, 124, 134
半減期　36, 60
反復発生説　197
比較解剖学　59
比較惑星学　22

微化石　83, 163, 175
ビッグ・バン　22
氷河擦痕　116
氷河時代　159, 163
氷河性海水準変動　167
表現型　188, 190
氷縞粘土　61
標準化石　56
漂礫岩　116
氷礫土　160
ビン首効果　196
ファン・ファーレン　211
フィッシャー　192, 211
フィリピン海プレート　150, 151, 152
風化(作用)　32, 40, 41
付加体　10
付加的進化　197
不整合　64, 71
部層　69
物理的風化　40
ブラックスモーカー　28
フランドリアン小氷河期　170, 174
フランドル海進　169
プルーム　16, 119, 120
プルーム・テクトニクス　16
プレート・テクトニクス　10, 152
プロテノイド・マイクロスフェア　77, 78
分岐分類学　201
分岐モデル　208
分子系統学　201
分子系統樹　202
分子進化学　193
分子進化の中立説　195
分子時計　179, 201
糞石　50
分帯　68, 121
分類階級　206
分類群　206
ヘッケル　191, 197
ペトリファイド・フォレスト　123
ヘニック　198
ペルム紀(系)　118
ペンシルベニアン　116
ヘンスロー　191

編年　71
ホイッタカー　198
方向性淘汰　194
放射性壊変　36
放射性同位体　36, 60
放射時計　35
放射年代(学)　32, 34, 66
放射年代測定法　35, 67
北米プレート　150, 152
ホット・スポット　14
ホットプルーム　16, 137
ホルツマーデン　126
ホールデン　192

マ行

迷子石　160
マイヤー　193, 205
マグマ・オーシャン　24
マーチソン　108, 110, 118
マリンスノー　132, 135
マントル　25, 29, 31, 119
ミシシッピアン　114
ミッシング・リンク　179
ミトコンドリアDNA　182
ミラー　74, 81
ミランコヴィッチの仮説　162

ミランコヴィッチの周期　162
無性生殖　209
冥王代　82
メッシニア期　154, 156
メンデル(の)遺伝法則)　189, 190
目　206
木星型惑星　24
模式地域　65
モネラ(界)　83, 200
モルガン　190
モレーン　160
門　206

ヤ行

ヤマト隕石　33
弥生の海退　170
ヤンガー・ドリアス　169
有性生殖　91, 209
誘導化石　57
有羊膜卵　121
U字谷　160
ユーラシアプレート　134, 150
ユーリー　74, 81
幼形進化　197
幼形成熟　197
幼児化　197

用不用説　189

ラ行

ライエル　3, 191
ライト　192
ラーガーシュテッテン　53
ラマルク　189
乱泥流　47
ランナウェイ性選択　211
陸成層　44
リソスフェア　11
リフト　11
リンネ　206
累層　69
ルーシー　180
レイチェル・カーソン　21
冷湧水　28
漣痕　47, 50, 167
露頭　40, 45, 63
ローラシア(大陸)　91, 116, 120, 123, 134

ワ行

ワイスマン　190
ワルターの法則　45

生物名索引

ア行

アイシェアイア 104
アウストラロピテクス・アファレンシス 180
アウストラロピテクス・ガルヒ 180
アーキア 80
アーケオシアタス 99
アノマロカリス 57, 104
アファール猿人 180
アフリカヌス猿人 180
アミスクワイア 104
アランダスピス 106
アルディピテクス・ラミダス 179
アロサウルス 124
アンキロサウルス 124
アンフィピテクス 176
アンモナイト(類) 68, 130, 138
イグアノドン 124
イクチオサウルス 126
イクチオステガ 112, 114
イチョウ(類) 51, 118, 120, 129, 145
イノセラムス 130, 134, 138
ウミサソリ 106, 109
ウミユリ(類) 100, 106, 116, 126
ウロデンドロン 116
エオラプトル 122
エクウス 204
エジプトピテクス 177
エナンピテクス猿人 180
エピオルニス 21
円口類 108
猿人 179
円石藻類 131
オウムガイ 51, 106
オオサンショウウオ 51, 59
オパキュリナ 149
オパビニア 104
オリゴピテクス 177

カ行

オルソセラス 106
オローリン・ツゲネンシス 179

顎口類 112
化石人類 180
化石類人猿 177
甲冑魚 65
カナダスピス 104
カブトガニ 51, 106
貨幣石 143
カモノハシ 51, 122, 203
カラミテス 117
ガルヒ猿人 180
カンガルー 145, 203
偽顎類 126
鰭脚類 114, 140
キノグナータス 115
旧人 182
狭鼻猿 176
恐竜 50, 65, 122, 137, 145
魚竜 50, 126
魚類 57, 65, 106, 110, 112
クサリサンゴ 99
クックソニア 109
グリパニア 89
グロッソプテリス 117
ケイ藻(類) 53, 131
ケイロレピス 113
ゲロイナ 149
原猿類 176
原核生物 79, 83, 88, 91
原索動物 108
原人 180, 182
原生生物 200
孔子鳥 128
紅色硫黄細菌 83
広鼻猿 176
広翼類 109
コエルロサウルス 126
ゴカイ 50
ゴクラクチョウ 145
コケムシ 106, 116

古細菌 80, 87, 198
古生マツバラン 111
コチロサウルス 119
コッコリス 19
ゴニアタイト 130
コノドント 57, 106, 108, 116
古杯類 99, 100
コルダイテス 116
コンプソグナトゥス 125

サ行

サイクロメデュサ 92
サヘラントロプス・チャデンシス 179
サーベルタイガー 52
三角貝 68, 130
三葉虫 65, 68, 97, 102
シアノバクテリア 83, 86, 90
シギラリア 117
シダ種子植物 111, 117
四射サンゴ 100
始祖鳥 126
ジャイアント・セコイア 60
ジャイアント・モア 21
シャミセンガイ 51
ジャワ原人 181
種子植物 117
条鰭類 113
小盗竜 128
縄文人 183
シーラカンス 51
シロウリガイ類 28
真猿類 176
真核生物 80, 83, 87, 198
真核単細胞生物 82
新人 102
真正細菌 80
新世界ザル 176
錐歯類 106, 116
ステゴサウルス 124
ストロマトポロイド 99
スプリギナ 92
セイスモサウルス 124, 125

セイムリア 119
脊索動物 108
石灰藻 45, 99
節足動物 98, 102, 106
セラタイト 130
層孔虫(類) 99, 100, 106
槽歯類 122, 124

タ行

ダイノサウルス 122
ダオネラ 134
単弓類 121
単孔類 122, 203
単細胞生物 83
単細胞藻類 5
中華竜鳥 128
鳥盤目(類) 122, 124
直角貝 106
底生有孔虫(類) 132, 147, 151, 153
ディッキンソニア 92, 93
ディノミスクス 104
ティラノサウルス 124
鉄バクテリア 83, 88
頭足類 65, 100, 106, 116, 130
トゥーマイ猿人 179
トクサ(類) 111, 117
床板サンゴ 100, 106
トリケラトプス 124
トリゴニア 130, 134
トリブラキディウム 92

ナ行

ナノプランクトン 68, 131
ナメクジウオ 104, 108
肉鰭類 113
ヌンムリテス 143
ネアンデルタール人 182
ネクトカリス 104
ネミアナ 95
ノーチラス 106, 131

ハ行

バイカルアザラシ 51
バクテリア 80, 105, 117, 137
ハチノスサンゴ 99
爬虫類 65, 118, 120, 126, 202
ハリモグラ 122
ハルキゲニア 57
板鰓類 113
ピカイア 105, 108
ヒカゲノカズラ 111, 117
ビカリヤ 149
被子植物 117, 120, 129, 140
表生型底生動物 103
ヒラコテリウム 204
フィコデス・ペダム 98
封印木 117
フクロネズミ 145
フズリナ 68, 100, 116
筆石類 68, 106
浮遊性有孔虫(類) 72, 131, 132, 153, 160
ブラキオサウルス 124
プルガトリウス 176
プロコンスル 177
プロトリエラ 95
北京原人 181
ヘリコプリオン 57
ベレムナイト 130, 138
ボイセイ猿人 180
放散虫 43, 53, 68, 131, 175
紡錘虫 100, 116
哺乳類 65, 121, 140
ホモ・エレクトス 181
ホモ・サピエンス 182, 186
ホモ・ハビリス 181
ホヤ類 108

マ行

マンガンバクテリア 83, 88
マンモス 21, 50, 52

ミオジブシナ 149
港川人 182
無顎類 106, 108, 112
迷歯類 112, 114
メソサウルス 115, 119
メタセコイア 51, 129
メタン細菌 137
モノチス 134

ヤ行

箭石 130
ヤツメウナギ 108
弥生人 183
有孔虫(類) 45, 53, 68, 100, 137, 151, 175
有胎盤類 122, 141, 203
有袋類 122, 141, 145, 203, 205
ユーステノプテロン 113
翼鰓類 108
翼竜類 126

ラ行

裸子植物 117, 120, 129
ラミダス猿人 179
リストロサウルス 115
竜盤目(類) 122, 124, 126
遼寧鳥 128
緑色硫黄細菌 83
鱗木 117
類人猿 177, 179, 197
霊長類 140, 159, 176
レピドデンドロン 117
ロブスト猿人 180
蘆木 117

ワ行

ワイワクシア 104
腕足類 65, 100, 106

著者略歴

池谷仙之（いけや・のりゆき）

1938 年　東京都に生まれる．
1964 年　横浜国立大学学芸学部卒業．
1969 年　東京大学大学院理学研究科博士課程修了．
現　在　静岡大学名誉教授，理学博士．
専　門　進化古生物学――主として介形虫類（甲殻類）を素材とした系統分類と進化過程の研究を行っている．
主　著　『古生物学入門』（共著，1996 年，朝倉書店），『太古の海の記憶――オストラコーダの自然史』（共著，1996 年，東京大学出版会）ほか．

北里　洋（きたざと・ひろし）

1948 年　東京都に生まれる．
1971 年　東北大学理学部卒業．
1976 年　東北大学大学院理学研究科博士課程修了．
現　在　独立行政法人海洋研究開発機構海洋・極限環境生物圏領域領域長，理学博士．
専　門　海洋微古生物学――真核単細胞生物である有孔虫類の進化を現生種を用いた野外および室内実験を通じて明らかにしようとしている．
主　著　『古生物の科学 1』（分担，1998 年，朝倉書店），『地球の進化・生命の進化』（共編，2000 年，裳華房）ほか．

地球生物学――地球と生命の進化

2004 年 2 月 19 日　初　版
2010 年 1 月 31 日　第 6 刷

［検印廃止］

著　者　池谷仙之・北里　洋
発行所　財団法人　東京大学出版会
　　　　代表者　長谷川寿一
　　　　113-8654 東京都文京区本郷 7-3-1 東大構内
　　　　電話 03-3811-8814　Fax 03-3812-6958
　　　　振替 00160-6-59964
印刷所　株式会社平文社
製本所　誠製本株式会社

Ⓒ2004　Noriyuki Ikeya and Hiroshi Kitazato
ISBN 978-4-13-062711-5　Printed in Japan

〈Ⓡ日本著作権センター委託出版物〉
本書の全部または一部を無断で複写複製（コピー）することは，著作権法上での例外を除き，禁じられています．本書からの複写を希望される場合は，日本複写権センター（03-3401-2382）にご連絡ください．

本書はデジタル印刷機を採用しており、品質の経年変化についての充分なデータはありません。そのため高湿下で強い圧力を加えた場合など、色材の癒着・剥落・磨耗等の品質変化の可能性もあります。

地球生物学　　　　　　　　　地球と生命の進化

2016年10月14日　　発行　①

著　者　　池谷仙之　　北里　洋
発行所　　一般財団法人　東京大学出版会
　　　　　代　表　者　古田元夫
　　　　　〒153-0041
　　　　　東京都目黒区駒場4-5-29
　　　　　TEL03-6407-1069　FAX03-6407-1991
　　　　　URL　http://www.utp.or.jp/
印刷・製本　大日本印刷株式会社
　　　　　URL　http://www.dnp.co.jp/

ISBN978-4-13-009111-4
Printed in Japan
本書の無断複製複写（コピー）は、特定の場合を除き、
著作者・出版社の権利侵害になります。